《魔幻科学》系列

感悟科学的精确与美丽

——有趣的测来测去(下)

丛书主编　杨广军

丛书副主编　朱焯炜　章振华　张兴娟

　　　　　　徐永存　于瑞莹　吴乐乐

本 册 主 编　吴乐乐

本册副主编　柏　杨　吴龙龙

天津人民出版社

图书在版编目（CIP）数据

感悟科学的精确与美丽：有趣的测来测去.下／吴
乐乐主编.--天津：天津人民出版社，2012.5（2018.5重印）
（巅峰阅读文库.魔幻科学）
ISBN 978-7-201-07542-6

Ⅰ.①感… Ⅱ.①吴… Ⅲ.①测量学—普及读物
Ⅳ.① P2-49

中国版本图书馆 CIP 数据核字（2012）第 098932 号

感悟科学的精确与美丽：有趣的测来测去.下
GANWU KEXUE DE JINGQUE YU MEILI：YOUQU DE CELAICEQU.XIA

出　　版	天津人民出版社
出 版 人	黄　沛
地　　址	天津市和平区西康路35号康岳大厦
邮政编码	300051
邮购电话	（022）23332469
网　　址	http://www.tjrmcbs.com
电子邮箱	tjrmcbs@126.com
责任编辑	陈　烨
装帧设计	3棵树设计工作组
制版印刷	北京一鑫印务有限公司
经　　销	新华书店
开　　本	787×1092毫米　1/16
印　　张	12.5
字　　数	250千字
版次印次	2012年5月第1版　2018年5月第2次印刷
定　　价	24.80元

卷首语

　　早期的人类社会，人不知南北，地不分东西，混沌中的古人出于求生本能，不断发起战争扩大领地，开拓疆土。于是人类学会用测量的手段来定方位、量土地、制地图、划疆域……这就是大地测量的起源！

　　后来，大地测量作为基础性测绘，成为人类生存与国家强盛的标志。一个强大的国家，必然有精准的大地控制网覆盖所有领土，并以一套独立的坐标系维系着国土的安危，昭示着主权的不可侵犯。

　　现代测绘经历了"一杆标尺半袋粮，天作棉被地当床；三棱尺，小笔尖，一米桌前测地又量天"的时代，如今在计算机技术、光电技术、网络通讯技术、空间科学、信息科学的基础上，发展成以全球定位系统（GPS）、遥感（RS）、地理信息系统（GIS）为技术核心的现代测绘体系。

　　让我们走进本书，走进测绘的世界，一起去感悟测绘的精确与美丽吧！

目　录

开疆拓土　安邦定国——古代测绘

上天入地，精准定位——大地测量

有
趣
的
测
来
测
去
（下）

有趣的测来测去（下）

开疆拓土 安邦定国

——古代测绘

测绘是一门古老的科学，在中国源远流长，自有文字记载就有了关于测绘的记述，如夏禹治水"左准绳，右规矩，载四时，以开九州，通九道"。可见我们的祖先为发展农业，在与洪水斗争中就已经开展过规模较大的测绘工作。后来统治者把地图视为权力之象征，同时为安邦定国，经常进行大地测量。那么古人用什么方法测量我们脚下的大地呢，他们又有哪些成就呢？

甲骨文中的秘密
——窥探远古测绘

测绘是人类最古老的科学之一，为人类认识自然和改造自然发挥着重要作用。从远古时代起，我们的祖先就一直在寻找描述和分析地球表面空间事物的工具和手段。

甲骨文上的地名

人类活动离不开地理环境，人们在生产和生活的长期实践中认知和增长了地理知识。原始社会，先民们就知道选择河谷阶地和依山傍水的地方建立村落，这样既接近水源，又能防止汛期洪水为害。这说明他们对居住地周围的地理情况有相当的了解。随着社会的进步、交往的扩大，人们的地理知识日益增多。有了文字以后，人们就将已知的地理知识记载下来，以便世代相传。

有地理知识就得有地名，如果没有地名，地理位置如何描述，地理知识如何传播？人们要了解自身生活的环境，地理知识必不可少，而且与人交流范围越广，地

◆龟甲上的文字

名则越多。在殷商甲骨文中，仅仅是商代文字的一部分，就已经有上千个地名，以及与地理环境有关的风、雨、雪等自然现象的记载。而当时必然还有写在其他材料上的文字，以及更为丰富的口头语言所描述的地名，据此推论商代实际使用的地名远不止这些。

◆殷商宫殿遗址

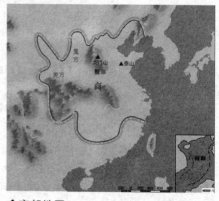

◆商朝地图

有趣的测来测去（下）

◆国学大师王国维

　　甲骨文中的地名有多样的风向说明，有自然的山河名称，而更值得注意的是人文地理方面的东西。史学家称早期模糊的记载为"史影"，在支离残缺的甲骨卜辞中，不但有人文的"史影"，也有人文的"地影"。对于人文的"地影"，卜辞专家如王国维、郭沫若等都进行过研究推断，使我们对商代的人文地理态势有了较为具体的认识。卜辞中最常见的人文地理内容有城、邑、边鄙（郊区）、商王的田猎区、四土、邦方（方国部族）等，这些构成了商代人文地理的主要框架。

　　知识库——甲骨文的发现

　　甲骨上的刻划痕迹被确认为商代文字是19世纪末20世纪初中国考古的三大发现（敦煌石窟、周口店猿人遗迹）之一，可是它的发现过程却十分偶然而又富于戏剧性色彩。

1899 年，在北京做官的金石学家王懿荣，从一味中药"龙骨"上面发现刻有一种不认识的文字。经过他和专家们的研究，才弄清这并不是"龙"骨，而是几千年前的龟甲和兽骨。他从这些"龙骨"上的刻划痕迹逐渐辨识出"日"、"月"、"山"、"雨"、"水"等字，之后又找出商代国王的名字，由此肯定这是刻划在兽骨上的古代文字。后来，人们就把刻在龟甲和兽骨上的文字叫甲骨文。

◆甲骨文之父——王懿荣

通过了解，才知道这些甲骨文是从河南安阳小屯村挖掘出来的，并且引起了考古学界的重视。

从 1899 年甲骨文首次发现到现在，据学者统计，共计出土甲骨 154600 多片，其中大陆收藏 97600 多片，台湾省收藏 30200 多片，香港地区藏有 89 片，总计我国共收藏 127900 多片，流落国外的约有 26700 多片。这些甲骨上刻有单字约 4500 个，迄今已释读出约 2000 字左右。

九鼎见天下

◆大禹九州图

与甲骨文上记载的地名相比，更早的真正地图应属大禹铸造的九鼎上的九州地图了。

据《左传》记载，夏朝初年，夏王大禹划分天下为九州，这九州分别是冀州、兖州、青州、徐州、扬州、荆州、豫州、梁州和雍州，各州以自然山河为界。大禹令九州州牧贡献青铜，铸造九鼎，将全国九州的名山大川、奇异之物镌刻于九鼎之上，以一鼎象征一州，并将九鼎集中于夏王朝都城。

这样，九州就成为中国的代名词，九鼎成了王权至高无上、国家统一昌盛的象征。

可以说，九州图是见诸众多史籍的最早的青铜质地的中国地图，九州图应该是地理调查的结果。

 镇国之宝九鼎今何在？

有趣的测来测去（下）

◆失传 2000 多年的中华九鼎被成功复原

九只铸造精美、古朴典雅、气势庄重的青铜大鼎，体现了王权的集中和至高无上，反映了国家的统一和民族的昌盛，几千年来，一直被人们视为中华民族的传世之国宝。关于九鼎的下落，史家众说纷纭，不一而足。

司马迁在《史记》中对九鼎的记叙就前后不一。如在周、秦"本纪"中说，秦昭王五十二年（公元前 255），周赧王死，秦从雒邑掠九鼎入秦。但在《封禅书》中说："周德衰，宋之社亡，鼎乃沦没，伏而不见。"由后者分析，九鼎在秦灭周之前，即"宋之社亡"时已经不见。那么，前者所述秦昭王五十二年，秦从雒邑掠九鼎归秦，岂不是自相矛盾，令人费解！司马迁之后，东汉著名史学家班固在其所著《汉书》中对九鼎之下落采取兼收并蓄之法，收录了司马迁的上述两说。同时，又补充了一条史料，说是在周显王四十二年，即公元前 327 年，九鼎沉没在彭城（今江苏徐州）泗水之下。后来秦始皇南巡之时，派了几千人在泗水中打捞，但因水深流急，终无功而返。

纵观中国历代史籍，关于九鼎下落的材料虽多，但往往自相矛盾，提不出充分可靠的依据，这不禁让人产生疑问：在地下埋藏的古物中，九鼎究竟是否还存在？根据历代史书记载，它确实曾作为夏、商、周三代的镇国之宝相传两千年且并没有已被销毁的记载，那么它又会在何处呢？九鼎的下落，至今仍是一个谜。

古代的测量技术
——超视距远距离测量

　　超视距，顾名思义，就是超过眼睛能看到的范围。如果地球是一个标准球面，一位身高 1.7 米的人站立时，视线与球面切点距离约为 14.7 千米，也就是说这个人的视距是直径为 29.4 千米的圆。如果站得高一点，看得就远一点，但终究看不了太远。那么古人又是如何跨越人的视距进行远距离测量呢？

古代测量工具

　　司马迁在《中记》中描述大禹治水时有这样一段话："（禹）陆行乘车，水行乘舟，泥行乘橇，山行乘辇。左准绳，右规矩，载四时，以开九州，通九道。"这里的"绳"是我国古代测量距离的工具，"准"是测平面的水准器，用来定水平的，"规"是校正圆形的工具，"矩"是画方形的

◆西安半坡遗址

工具，同时具有定水平、测高、测深、测远的功能。然而这还不是最早的测量工具。

　　1952 年，陕西省西安市半坡村发现一处距今约六七千年的氏族村落遗址。在这个遗址中，有完整的住宅区，其中有 46 座圆形的或方形的房子，门都是朝南开的，由此可以断定，氏族人是能准确地辨别方向的。据推测，他们是通过观察太阳、星星来辨别方向的。

◆华表已演变成中国的一种建筑形式

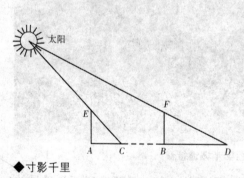

◆寸影千里

有趣的测来测去（下）

一般的物体，如树木、房屋等，在太阳光的照耀下都会投射出影子来，人们在生产和生活实践中常常观察这些影子，慢慢地，人们发现这些影子不仅随着时间的推移而变化着，而且还发现这些影子的变化是有规律的。"立竿见影"便是我国古老的测量方式，古人以此来确立方向，测定时刻，或者测定节气乃至回归年的长度等。由此可见，中国最古老、最简单的测量工具是"表"，也就是普通的竹竿、木杆或者石柱等物。

经过长期的生产实践，人们借助太阳创造了一种独特的超视距测量方法，即通过测量日影的长度来推测距离和位置。具体方法是：在同一天的中午，在南北方向两地分别竖起同高的表杆（通常高 8 尺，相当于 1.88 米），然后测量表杆的影子，并根据"寸影千里法则"（日影差一寸，实地相距千里）推算南北两地距离，并把夏至日的影长为 1.5 尺的地方视为方形大地的中心。"寸影千里"成了最早的远距离测量原则，如图所示（图注：AE、BF 为同高的表杆，按影长 AC 与 BD 的差来推算 AB 两地的距离）。

汉代以前，人们一直遵循"寸影千里"这一定则。南朝时，科学家在阳城（河南登封县境内）和交州（今越南境内）进行联测时，发现"寸影千里"并不准确。后来唐代一行高僧等在河南平原上成功地进行了子午线长度测量和纬度测量，才最终否定了"寸影千里"的测量定则。这一定则虽然被否定了，但它借天量地的思路是值得称道的，在中国测绘史上具有启迪意义。

知识库——我国现存最古老的测量标石

测量标石是一种测量标志。测量标石用混凝土或花岗石、青石等坚硬石料制成，埋设在地下或部分露出地面，用于标定地面控制点位置。陕西省咸阳市附近的汉代阳陵的罗经石，是目前发现的最古老的测量标石。

阳陵是汉景帝及其妃嫔的墓葬群，建于公元前153年，据此判定，罗经石已经历了两千多年的风风雨雨。罗经石实际是一块陵园内露出地表的青色规整巨石，其体积庞大，重约3900千克。

◆罗经石

它位于帝陵东南角450米处，经测量，其近似正方形底座每边长约1.8米，而底座之上是一个与底座连体的圆形平面，其直径为1.4米。这个圆形平面与水平面有一定斜度，其上刻有南北向和东西向垂直相交的两条凹槽线，凹槽宽度和深度均为2.3厘米，相当于汉代的1寸。四方体的西北角和西南角略呈弧形，表面沿西南方向下倾，倾角为2°29′。

指南针

指南针的前身是中国古代四大发明之一的司南，指南针的发明是我国劳动人民在长期的实践中对物体磁性认识的结果。

在生产劳动中人们接触了磁铁矿，开始了对磁性物质的了解。人们首先发现了磁石吸引铁的性质，后来又发现了磁石的指向性，于是制成了最原始的指南针——司南。司南就是指南的意思。司南的样子像勺子，它是用整块的天然磁石经琢磨而成。其中一极琢磨成长柄状。司南做好后还得做一个光滑的底盘。使用的时候，先把底盘放平，再把司南放在底盘中间，用手拨动它的柄，使它转动，等到司南停下来，它的长柄总是指着

有趣的测来测去（下）

南方。

　　经过长时间的实验和改进，人们终于发明了可以实用的指南针。指南针主要组成部分是一根装在轴上可以自由转动的磁针。磁针在地磁场的作用下能保持在磁子午线的切线方向上，磁针的北极指向地理的北极。利用指南针的这一性能可以辨别方向。指南针常用于航海、大地测量、旅行及军事等方面。

有趣的测来测去(下)

◆司南

◆指南针

　　随着社会生产力的发展，尤其是航海业的不断扩大和发展，对指向仪器要求越来越高。北宋时代，人们用薄铁叶裁成鱼形，然后用地磁场磁化法使它带有磁性，行军中可随身携带，使用时将其浮在水面，便可指南。由于不同时期指针形状不同，名称也各异，如指南鱼、指南龟、指南车、罗盘和罗经等。3世纪时，我国发明的指南针传入阿拉伯，现在人们广泛使用的指南针就是这样演化来的。

浑仪和简仪

　　南京紫金山天文台有两架奇特的古代仪器，其中结构复杂、环环相套的叫浑仪，两组支柱支撑着双环的叫简仪，它们是我国珍贵的文化遗产。

　　浑仪是以浑天说为理论基础制造的，它是由相应的天球坐标系各基本圈的环规及瞄准器构成的古代测量天体的仪器。

◆浑仪

浑仪高约 2.75 米，长约 2.48 米，宽约 2.46 米。简仪高约 2.5 米，长约 4.4 米，宽约 2.9 米。浑仪和简仪都用青铜铸成，它们结构牢固，工艺华美，近看高大，远看玲珑，是我国古代科学技术、冶铸技巧、机械制造等方面高度发展的结晶。

我国浑仪的发明大约是在公元前 4 世纪至公元前 1 世纪之间（即战国中期至秦汉时期）。早期的浑仪比较简单，经过历代天文学家的改进，到了唐代，由天文学家李淳风设计了一架比较精密完善的浑天黄道仪。浑天黄道仪分为三层，外层叫六合仪，包括地平圈、子午圈和赤道圈。中层叫三辰仪，是由白道环、黄道环和赤道环构成。里层叫四游仪，包括一个四游环和窥管。

简仪的创制是我国天文仪器制造史上的一大飞跃，是当时世界上的一项先进技术。北宋科学家沈括首先在浑仪上取消了白道环，开辟了浑仪向简化方向发展的新途径。到了元代，郭守敬、王恂等在沈括的基础上对浑仪又进行了大规模改进，创造了新的简仪，进一步取消了黄道环。这样，简仪从浑仪的复杂结构中分离出来，分解成由赤道环和赤经环组成的赤道经纬仪和由地平环及地平经环组成的地平经纬仪两个独立的仪器。这样的简仪结构十分简单实用，而且除北极星附近以外，整个天空一览无余，扩大了观测的视野，大大提高了观测精度。

使用简仪观测时，只要转动赤道经纬仪的赤经双环和窥

◆简仪

有趣的测来测去（下）

管，就可以观测到天球上任何位置的星星，并从赤经双环刻度上读得该天体的去极度，至于天体的赤经值则可在转动南端的赤道环上求得。简仪的地平经纬仪实际上是一个新的创造，观测时只要转动双环和窥管，就可以测得任一天体的方位角和高度角。

广 角 镜

　　1900年八国联军进占北京，法军将简仪抢到法国大使馆，过了几年才归还；德军将浑仪抢到德国波茨坦，到1921年才归还我国。"九一八"事变后，浑仪和简仪迁至南京紫金山。日军占领南京后曾肆意损毁仪器。新中国成立后，这些仪器才得到很好的保护。

有趣的测来测去（下）

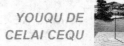

古代的测量成就
——测量学方面的科学家

中国古代的测绘成就令人叹为观止，在漫长的岁月中涌现出许多杰出的测绘人物，他们对中国测绘事业的发展均做出了重大贡献，其功绩将永垂青史。

沈 括

说起沈括，大家都知道他写出了《梦溪笔谈》这一不朽著作。该著作涉及天文、历法、地理、数学、物理、化学、生物、文学、史学、音乐、艺术等多方面的理论和现象的观察，是我国古代少有的百科全书。其实，沈括这一科学巨匠在地图测绘方面也做出了不可磨灭的贡献。

沈括自小好学，对地理学颇有兴趣，他在地图测绘方面的主要贡献是制作了地图模型和编制了《天下州县图》。关于地图模型，沈括在《梦溪笔谈》中有过详细的记载。他在巡行边防时，将看到的山川道路先后用木屑、

◆沈括

面糊和熔蜡制成地图模型，但皆不理想，后用木头雕刻成地图模型献予皇上。因其形象直观、真实感强而备受君臣赞赏，且受朝廷推崇。这大概是

◆《梦溪笔谈》

我国历史上有记载的地图模型的创始。

沈括又于公元 1076 年受旨修编了当时全国行政区划地图——《天下州县图》。该图包括设有守、令等官的北宋王朝权力所及的范围，因此又称守令图。在编图过程中，沈括参考了汉代以来的地理资料和地图，去伪存真，并结合亲身经历，历时 12 年才完成。其间沈括政治上受压制，历经出使与贬谪，仍未放弃此项工作。此图件中的一幅大图可算是全国总图，其余诸路图 18 轴，是按当时的行政区划建制"路"分成 18 幅图，各图皆用黄绫装裱，十分精美。

徐光启和利马窦

不同文化的交融是世界文明发展的推动力量，独具特色的中国传统测绘在融合了西方测绘术后，也跃上了一个新台阶。在传播西方测绘术的先驱者中，徐光启是功绩最为卓著的。

徐光启是明代著名的科学家。他师从来华的意大利传教士利马窦，学习天文、历算、测绘等。资质聪慧的徐光启很快就掌握了要旨，并有所创造。在徐光启的一再要求和推动下，一些外国传教士开始翻译外国科技著作，向中国人介绍西方的测绘技术。明朝后期问世的测绘专著和译著大多与徐光启有关。徐

◆徐光启

◆徐光启和利玛窦

光启和利马窦合译了《几何原本》和《测量法义》，与熊三拔合译了《简平仪说》。徐光启认为，《几何原本》是测算和绘图的数学基础，力主翻译。为了融通东西，他撰写了《测量异同》，考证中国测量术与西方测量术的相同点和不同点。他主持编写了《测量全义》，这是集当时测绘学术之大成的力作。该书内容丰富，涉及面积、体积测量和有关平面三角、球面三角的基本知识以及测绘仪器的制造等。

徐光启还身体力行，积极推进西方测绘术在实践中的应用。1610年他受命修订历法，他认为修历法必须测时刻、定方位、测子午、测北极高度等，于是要求成立采用西方测量术的西局和制造测量仪器。此次仪器制造的规模在我国测绘史上是少见的，共制造象限大仪、纪限大仪、平悬浑仪、转盘星晷、候时钟、望远镜等27件。利用新制仪器，人们进行了大范围的天象观测，取得了一批实测数据，其中载入恒星表的有1347颗星，这些星都标有黄道、赤道经纬度。

有趣的测来测去（下）

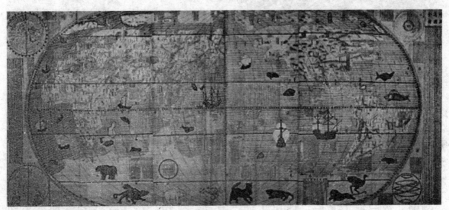

◆利玛窦的《万国全图》

◆利马窦

◆《山海舆地图》

总之，无论在理论上还是在实践上，徐光启都算得上传播西方测绘术最卓越的先驱者。

利马窦，原名玛太奥·利奇，意大利人。明万历十年（1582），30岁的利玛窦受耶稣会的派遣来中国传教。利玛窦除了传教以外，还对西方的一些科学技术进行了传播。那么他在传播测绘、地理知识方面究竟有些什么贡献呢？

一是绘制世界地图。万历十一年，利玛窦为了引起中国人的注意，在广东肇庆新盖的"仙花寺"内第一次把《万国全图》挂了出来。他给前来观看的人讲解，一边说，一边指点着地图。这幅图打开了人们的眼界，使中国人第一次看到了整个世界的缩影。肇庆知府王伟看到这幅地图后，要求刻印，利玛窦表示同意。刻印前，他又把《万国全图》放大了，重绘纬度，图名改为《山海舆地图》，图上增加了适合中国人看的注释。这就是用中文刻印的第一张世界地图。后来，这张地图不断被翻印或摹绘，从万历十二年至万历三十六年的25年间，竟刻印、摹绘了12次，流传很广。

二是测量经纬度。利玛窦在来中国途中就沿途测量经纬度，在赤道处观测南北极与地平交角。他在北京、南京、杭州、广州、西安等地测量所得的经纬度相当准确，从而能修订出新图。用经纬度定位就是由利玛窦介

有趣的测来测去（下）

绍给中国人的。

　　三是译定地名。由利玛窦的世界地图首创汉译的地名至今仍袭用的有：地球、南北极、北极圈、赤道、经纬线、亚细亚、地中海、尼罗河、罗马、古巴、牙买加、加拿大、北冰洋、大西洋等。

　　四是传播新地理知识。利玛窦将十五六世纪航海探险中发现的新地域均绘在地图上，介绍给中国。过去中国人对西洋地理知识至多仅达北非、西欧，此时已达南北美洲、非洲南部和大洋中的很多岛国。

郭守敬

　　公元1231年，郭守敬出生于邢州邢台（今河北省邢台县）一个书香门第家庭。他从小聪明过人，喜欢读书，尤其对探究自然现象感兴趣。他在小时候就制作过一些小的天文仪器，还改制、创造了十多种天文仪器。其中主要的是简仪、赤道经纬和日晷三种仪器合并归一，用来观察天空中的日、月、星宿的运动，改进后不受仪器上圆环阴影的影响。高表与景符是一组测量日影的仪器，是郭守敬的创新。他把过去的八尺高表改为四丈高表，表上架设横梁，石圭上放置景符透影和景符上的日影重合时，即当地日中时刻。用这种仪器测得的是日心之影，较之前测得的日边之影精密得多。这是一个很大的改进。

◆郭守敬

　　郭守敬在测绘上做出的最大贡献，是他首创的以我国沿海海平面作为水准测量的基准面。他曾在巡视河北、山东河道时，对黄河附近一带几百里的水域进行过仔细的地形测绘，制成了一幅幅地图。他曾经以海平面为

有趣的测来测去（下）

◆日晷　　　　　　　　　◆青岛的水准零点

有趣的测来测去（下）

标准，比较大都和汴梁地形的高低之差。这是地理学中一个重要的概念——"海拔"的创始。这一工作对于测量事业的发展有十分重大的意义，是我国大面积测量发展到一定水平所孕育出的杰出的科学成果。

他在通惠河上游河道路线选择中所表现的地形测量的精确性，直到今天还引起学者们的惊叹和赞赏。今天，北京市给水工程用的京密引水渠，自昌平经昆明湖到紫竹院一段，基本上还是沿用着郭守敬当初选的路线。

郑　和

郑和出生于 1371 年，是我国明代著名的航海家。郑和原姓马，名和，小字三保，12 岁被抓入宫中给燕王朱棣当侍童。朱棣当皇帝后，被升为内官监太监，并赐姓郑，又称"三保太监"。

朱棣为了巩固他的统治地位，扩大其政治影响，恢复了元代中断的海上交通。郑和懂阿拉伯语，受到朱棣的重用，派他率船队七出西洋。那时所谓西洋，是泛指我国南海以西的广大地域，包括印度洋及印度洋沿海地区在内。郑和多次统率水手、军卒、医官、买办等约两万人，分乘宝船百余艘，浩浩荡荡。比起哥伦布发现美洲新大陆的三艘载重不到百吨的船，他们的规模要大得多。从 1405 年到 1433 年，七次航行前后用了 28 年时间，历经 37 个国家。郑和是我国第一个横渡印度洋到达非洲东岸的人，比1492 年哥伦布横渡大西洋到达美洲，1471 年葡萄牙人达迦马沿非洲南岸

有趣的测来测去（下）

绕好望角到达印度洋，要早半个世纪以上。

郑和七下西洋是世界航海史上的伟大创举。上万人的船队远航，与大海波涛、明岛暗礁及变化万千的恶劣气候搏斗，必须准确地测定船舶的地理位置、航向和海深等。那么，这样大的船队航行，靠什么来导航呢？这就要靠古代的天文定位技术。我国古代很早就将天文定位技术应用在航海中，东晋僧人法显访问印度乘船回国时曾记述："大海弥漫无边，不识东西，惟望日、月、星宿而进。"到了元、明时期，天文定位技术有很大发展，当时采用观测恒星高度来确定地理纬度的

◆郑和

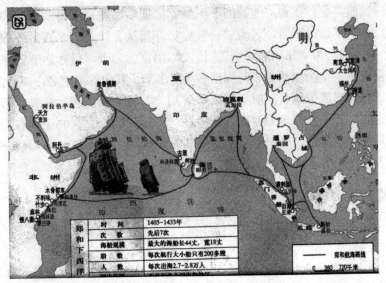

郑和下西洋	时　间	1405—1433年
	次　数	先后7次
	海船规模	最大的海船长44丈，宽18丈
	船　数	每次航行大小船只有200多艘
	人　数	每次出海2.7—2.8万人

郑和航海路线
0　360　720千米

◆郑和下西洋的航海路线

◆郑和的航海图

方法，叫做"牵星术"，所用的测量工具叫做牵星板。根据牵星板测定的垂向高度和牵绳的长度，即可换算出近似于该地纬度的北极星高度角。郑和率领的船队在航行中就是采用"往返牵星为记"来导航的。

我国的航海图虽然宋代就已应用，但多只是以近海为主，不能满足大船队的远航需要。郑和与他的助手王景弘依据多次航行所得的海域和陆地知识，制成了远航图册，名为"自宝船厂开船从龙江关出水直抵外国诸番国"，后人称之为"郑和航海图"。该图以南京为起点，最远达非洲东岸的图作蒙巴萨。全图包括亚非两洲地名 500 多个，其中我国地名占 200 多个，其余皆为亚洲诸国地名。所有图幅都采用"写景"画法表示海岛，形象生动，直观易读，在许多关键地方还标注"牵星"数据，有的还注有一地到另一地的"更"数，以"更"来计量航海距离等。可以说，郑和航海图是我国古代地图史上真正的航海图。

知识库——牵星板

牵星板用优质乌木制成，一共12块正方形木板，最大的一块每边长约24厘米，以下每块递减2厘米，最小的一块每边长约2厘米。另有用象牙制成一小方块，四角缺刻，缺刻四边的长度分别是上面所举最小一块边长的四分之一、二分之一、四分之三和八分之一。比如用牵星板观测北极星，左手拿木板一端的中心，手臂伸直，眼看天空，木板的上边缘是北极星，下边缘是水平线，这样就可以测出所在地的北极星距水平的高度。高度不同可以用 12 块木板和象牙块四缺刻替换调整使用，求得北极星高度后，就可以计算出所在地的地理纬度。

◆牵星板模型

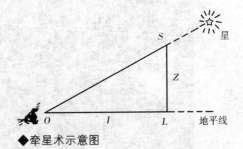

◆牵星术示意图

康熙帝

有
趣
的
测
来
测
去
(下)

康熙帝爱新觉罗·玄烨不仅是一位雄才大略的政治家，而且也是一位博学多才、勇于实践的学者。康熙帝十分喜爱地理，在整治黄、淮的工程中，他多次在现场巡勘地形，测量地理并提出具体意见。康熙三十八年春，他巡至苏北高邮，亲自用水平仪进行测量，测得运河的水位比高邮湖水位高出四尺八寸，并据此对防洪护堤提出具体要求。

康熙帝在治理国家和抵御外国侵略的过程中，对当时的地图测绘粗劣、精度不高、内容不详等甚感不满。他根据一些外国传教士的奏请，决定进行全国性的大地测量。

◆康熙

由于采用西方经纬度法测绘全国省级地图在我国还是第一次，为慎重起见，康熙帝在 1707 年底命传教士白晋等人在北京附近进行小面积的试验性

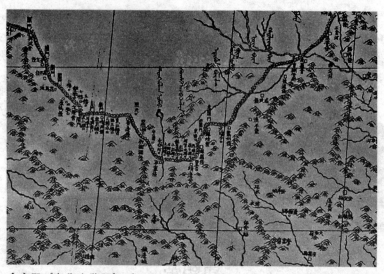

◆康熙《皇舆全览图》（部分）

有
趣
的
测
来
测
去
（下）

测量，康熙帝亲自加以校勘，认为远较旧地图精确，于是决定全面铺开，实测全国各省。经过十余年的准备，康熙四十七年至五十七年（1708—1718）完成了全国性的大规模地图测绘，即《皇舆全览图》的测制。

这次规模空前的全国大地测量在中国地图学史上有着极为重要的意义。

其一，统一了丈量尺度。由于我国历史上尺度长短不一致，造成地图制作误差较大。为了使全国实测地图精度准确，康熙据实地测量结果集中意见，于康熙四十三年（1704）规定以 200 里合地球经线上 1°的弧长，把长度单位与地球经线每度的弧长联系起来，这在当时的世界上可谓一大创举，也是以地球形体来确定尺度的最早尝试。

其二，为牛顿提出的"地球扁圆说"提供了最早的实证。测量人员于康熙四十一年（1702）曾沿经过北京的中央经线测定了由霸州（今河北霸县，位于北纬 39°）到交河（北纬 38°处）的距离。在全国大地测量展开后，测量人员于康熙四十九年（1710），又在东北实测了齐齐哈尔以南由北纬 41°至 47°间每度经度的弧长。结果表明：比起北纬 41°至 47°间的经线，交河与霸州间的经线的每度弧长要短。当时正值牛顿的"地球扁圆说"与卡西尼的"地球长圆说"分垒对峙，无法定论，可以说，中国在东北的测量数据为牛顿的"扁圆说"提供了有力证据。

上天入地，精准定位

——大地测量

　　大地测量学是研究和测定地球的形状、大小和地球重力场，以及地面点的几何位置的理论和方法，它是一门测量和描绘地球表面的科学。大地测量是其他测绘学分支的理论基础，其基本任务是建立地面控制网、重力网，精确确定控制点的三维位置，为地形图提供控制基础，为各类工程施工提供依据，为研究地球形状、大小、重力场以及变化，地壳形变及地震预报提供信息。

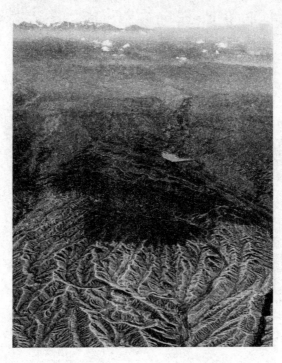

给地球每个点编号
——经纬度测定

为了精确地表明各地在地球上的位置，人们给地球表面假设了一个坐标系，这就是经纬线。经纬线上每一个点的坐标都是唯一的。利用经纬度可以确定地球表面上各点的地理位置，它在军事、航空、航海等方面很有用处。例如，轮船在茫茫大海上航行，飞机在广阔天空中飞翔，无论到了什么地方，人们都可以使用仪器精确地测定出它的经纬度，从而确定其位置。

◆地球经纬网

有趣的测来测去（下）

经度确定法

◆本初子午线

时区	东十二区	180°	西十二区
经度	东经度		西经度
时刻	相同		相同
日期	今天	减一天	昨天
日期变更	1月1日	加一天	12月31日
地球自转方向	→		→

◆国际日期变更线两边的日期与时刻

有趣的测来测去（下）

根据上面国际日期变更线的介绍，思考一下在什么情况下妹妹会比姐姐大一岁？

经度是地球上一个地点离一根被称为本初子午线的南北方向走线以东或以西的度数。本初子午线的经度是0°，地球上其他地点的经度是向东到180°或向西到180°。经度没有自然的起点，作为本初子午线的那条线是人选出来的，英国的制图学家使用经过伦敦格林尼治天文台的子午线作为起点。过去其他国家或人也使用过其他的城市作子午线起点，比如罗马、哥本哈根、耶路撒冷、圣彼得堡、巴黎和费城等。在1884年的国际本初子午线大会上，经过格林尼治的子午线被正式定为经度的起点，东经180°即西经180°，约等同于国际日期变更线，国际日期变更线的两边，时刻相同，日期相差一日。

大家知道，在东西两地，东面的日出时间要比西面的早，这是由于两地经度不同造成的。两地的经度之差，就是同一瞬间两地的同一类时间之差。测定经度，就是要测定在同一瞬间测站的地方时与格林尼治天文台同类时之差。测定两地同一瞬间时刻之差的方法不同，测定经度就有各种不同的方法。现在各国广泛采用的是无线电法。无线电法是利用收录无线电时号的方法来得到两地同一瞬间的时刻，再用天文方法测定两地的表差，从而算出两地正确的时刻。最后按公式求出测站经度。

知识库——时区与经度的关系

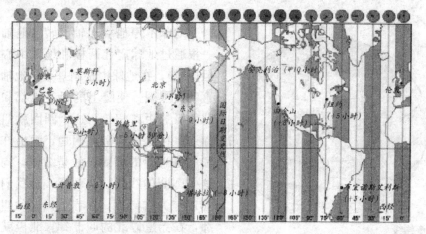

◆时区图

地球是自西向东自转，东边比西边先看到太阳，东边的时间也比西边的早。东边时刻与西边时刻的差值不仅要以时计，而且还要以分和秒来计算，这给人们带来不便。

为了克服时间上的混乱，1884 年在华盛顿召开的一次国际经度会议（又称国际子午线会议）上，规定将全球划分为 24 个时区。它们是中时区（零时区）、东 1～12 区，西 1～12 区。每个时区横跨经度 15°，时间正好是 1 小时。最后的东、西第 12 区各跨经度 7.5°，以东、西经 180°为界。每个时区中央经线上的时间就是这个时区内统一采用的时间，称为区时，相邻两个时区的时间相差 1 小时。例如，我国东 8 区的时间总比泰国东 7 区的时间快 1 小时，而比日本东 9 区的时间慢 1 小时。因此，出国旅行的人必须随时调整自己的手表，才能和当地时间相一致。凡向西走，每过一个时区，就要把表调慢 1 小时（比如 2 点拨到 1 点）；凡向东走，每过一个时区，就要把表调快 1 小时（比如 1 点拨到 2 点）。

实际上，世界上不少国家和地区都不严格按时区来计算时间，为了在全国范围内采用统一的时间，一般都把某一个时区的时间作为全国统一采用的时间。例如，我国把首都北京所在的东8区的时间作为全国统一的时间，称为北京时间。又例如，英国、法国、荷兰和比利时等国，虽地处中时区，但为了和欧洲大多数国家时间相一致，则采用东1区的时间。

纬度确定法

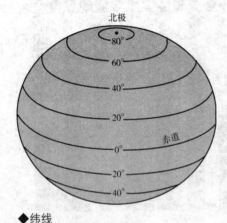

◆纬线

◆地球五带划分

地球不停地绕地轴旋转（地轴是一根通过地球南北两极和地球中心的假想线），在地球中腰画一个与地轴垂直的大圆圈，使圈上的每一点都和南北两极的距离相等，这个圆圈就叫做赤道。在赤道的南北两边，画出许多和赤道平行的圆圈，就是纬圈；构成这些圆圈的线段，叫做纬线。我们把赤道定为0°纬度，在赤道以南的叫南纬，在赤道以北的叫北纬。北极就是北纬90°，南极就是南纬90°。纬度的高低也标志着气候的冷热，如赤道和低纬度地区无冬，两极和高纬度地区无夏，中纬度地区四季分明。

测定纬度的方法很多，常用的方法为恒星天顶距法，它又分为单高法、双星等高法和多星等高法等。

1. 单高法：只测一颗恒星的天顶距，在知道表差的情况下，就可求得纬度。观测北极星的高度测定纬度是多年来最常见的简便方法，如左图所示。

2. 双星等高法：在子午圈上（南北的大圈上）测出南星和北星的高度

有趣的测来测去（下）

（或天顶距）之差，即可求出纬度。

3. 多星等高法可以同时测定经度和纬度：在观测点观测某几颗恒星经过某一天顶距的等高圈的时间，代入天文公式中可同时计算出观测点的经度和纬度。

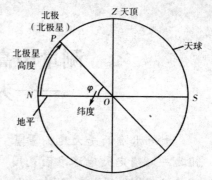

◆单高法经纬度测定示意图

测量山高地厚的基准
——大地水准面

大地水准面是大地测量基准之一，确定大地水准面是国家基础测绘中的一项重要工程。它将几何大地测量与物理大地测量科学地结合起来，使人们在确定空间几何位置的同时，还能获得海拔高度和地球引力场等重要信息。大地水准面的形状反映了地球内部物质结构、密度和分布等信息，对海洋学、地震学、地球物理学、地质勘探、石油勘探等相关地球科学领域研究和应用具有重要作用。

有趣的测来测去（下）

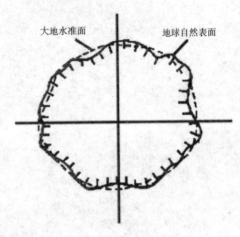

◆大地水准面示意图

大地水准面

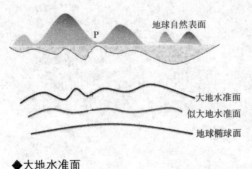

◆大地水准面

大地水准面是一个假想的、与静止海水面相重合的重力等位面，以及这个面向大陆底部的延伸面，是一个不规则的封闭曲面。大地水准面是重力等位面，即物体沿该面运动时，重力不做功（如水在这个面上是不会流动的）。大地水准面是描述地球形

上天入地，精准定位——大地测量

YOUQU DE
CELAI CEQU

状的一个重要物理参考面，也是海拔高程系统的起算面，它的确定是通过它与参考椭球面的间距——大地水准面差距来实现的。大地水准面和海拔高程等参数在客观世界无处不在，在国民经济中起着重要的作用。

似大地水准面严格说不是水准面，但接近于水准面，只是用于计算的辅助面。它与大地水准面不完全吻合。在我国青藏高原等西部高海拔地区，两者差异最大可达 3 米，在中东部平原地区这种差异约几厘米。在海洋面上时，似大地水准面与大地水准面重合。

中国地形和CQG2000似大地水准面

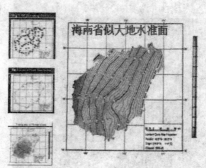

海南省似大地水准面

◆大地水准面模型 CQG2000

大地水准面与水平面有什么区别？

大地水准面是一个理想的椭球体曲面，也是海拔高程系统的起算面。与大地水准面相切或者与截切面平行的平面叫水平面，这是一个理想的平面，因此有无数多个这样的水平面。在很小的范围内测量时，可以近似地以水平面代替水准面，但范围一大，就必须以大地水准面作为标准，这是因为曲面与平面之间的高程不一致造成的。

简单地说，大地水准面是一个曲面，而水平面是一个平面。举个例子，假设在云南、广东、吉林各有一个海拔 800 米高度的点，这三个点构成一个数学上的平面，也可

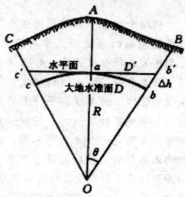

◆大地水准面与水平面的区别

有趣的测来测去（下）

以说是一个水平面。虽然海拔高度相同，但这三点相对于大地水准面所形成的平行水准面却不是一个平面，而是一个曲面。

山有多高——说说海拔

有趣的测来测去（下）

◆山的高度是指海拔高度

海拔是指地面某个地点或者地理事物高出或者低于海平面的垂直距离，是海拔高度的简称。计算海拔的参考基点是确认一个共同认可的海平面进行测算，这个海平面相当于标尺中的零刻度。因此，海拔高度又称之为绝对高度或者绝对高程。但海面潮起潮落，可以说没有一刻是风平浪静的，而且每日潮水涨落的海面高度也是有明显差别的，因此，只能用一个确定的平均海水面来作为海拔的起算面。

如何确定平均海平面？

测绘专家很早就想到通过在沿海设置验潮站的办法确定平均海平面，他们通常选择位置适中、外海海面开阔、海底平坦、地质结构稳定、有代表性和规律性的半日潮等特点的港区建立长期使用的验潮站，根据长期验潮资料来确定一个平均海水面，把它作为零高程面。然后用精密水准测量联测到陆地上预先设置好的水准原点，测定出这个点的海拔高度作为一个国家或整个地区的起算高程。

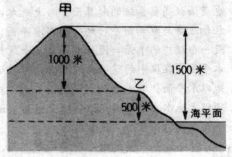

◆甲地海拔 1500 米，乙地海拔 500 米，甲、乙两地相对高度 1000 米

上天入地，精准定位——大地测量

我国于 1987 年规定将青岛验潮站 1952 年 1 月 1 日—1979 年 12 月 31 日所测定的黄海平均海水面作为全国高程的起算面，并推测得青岛观象山上国家水准原点高程为 72.260 米。根据该高程起算面建立起来的高程系统，称为 1985 国家高程基准。我国各地面点的海拔均指由黄海平均海平面起算的高度。

知识库——山会长高，地会下沉

在地球内部构造应力的作用下，引起地壳的一些构成要素相对运动称为地壳运动。它可以是水平运动、垂直运动或倾斜运动，因此，山会长高，陆地也会下沉。例如，喜马拉雅山受到印澳板块向欧亚板块俯冲的影响，每年上升 1 厘米，沿海城市由于地下水的过度抽取，可能会造成地质下沉。

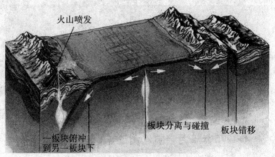

◆板块运动会导致海陆变迁

地壳形变的速度是缓慢的，测定形变的办法是用大地测量方法建立各类监测网。监测网有水平监测网、高程监测网和重力监测网等，长期监测可发现地壳形变大小及方向，如在地壳稳定区和地壳形变区布设高程监测网，当发现稳定区和形变区间的高差不断在增大时，就说明形变区在不断下沉。

珠穆朗玛峰高程的测定

"世界最高峰是珠穆朗玛峰，高度为（　　）。"这是中学地理试卷上经常出现的试题。2005 年以前，括号里的数字为 8848.13 米，现在，正确答案则是 8844.43 米。

过去，外国人虽对珠穆朗玛峰进行过多次测量，但由于测量都不够科学和严密，很难估计其测量误差有多大，因而，珠峰的海拔高程究竟是多少长期是一个待解之谜。

新中国成立不久，中央人民政府就提出"精确测量珠峰高度，绘制珠

GANWU KEXUE DE
JINGQUE YU MEILI
>>>>>>>>>>>>>>>>>>>> 感悟科学的精确与美丽

有
趣
的
测
来
测
去
（
下
）

◆1975 年 5 月，首次测量珠峰

◆1975 年，国测一大队队员勇测珠峰

峰地区地形图"计划，并将该计划列入新中国最有科学价值和国际意义的项目之一。中科院于 1966—1968 年和 1975 年两次对珠峰进行科考测量。1975 年 5 月 27 日至 29 日，国家测绘局第一大地测量队和总参测绘官兵在我国登山队员的配合下，用常规测量技术对珠峰进行了连续观测，最后计算出珠峰的海拔高程为 8848.13 米。这一数字向全世界公布后，立即得到联合国和世界各国的公认。

此外，经中外科学工作者多年考察后证实，大约在 1000 万年以前，喜马拉雅山还淹没在海洋里。由于地球内部运动，珠穆朗玛峰拔地而起，逐渐成为"地球第三极"，并且至今仍在继续增高，平均年增高达 3.7 厘米。

因此，珠峰的高程和变化一直是世人瞩目的焦点，世界科技界期待中国人再次拿出令人信服的精确数据。

1992年3月，国测一大队接到复测珠峰高程的命令，经体格锻炼和技术培训后，他们携带最先进最精良的测量仪器向珠峰挺进。自9月29日至10月1日，测量队员顶着寒风，忍饥受冻，分秒必争，对珠峰一连测了三天，获得了大量的测量数据，除GPS观测数据、激光测距数据外，还有常规三角测量、导线测量、水准测量、天文测量、重力测量以及14次（有效）施放探空气球进行气温、气压等气象参数的测量数据。经严格精密平差计算后，得出由常规大地测量技术求定的珠峰（雪面）海拔高程为8849.22米，由全球定位系统GPS技术求定的珠峰（雪面）海拔高程为8848.54米。取权平均值后，得出1992年珠峰（雪面）海拔高程为8848.82米，由此数据减去珠峰顶上的积雪深度，最终得出世界之巅的海拔高程为8846.27米。

2005年3月1日，国测一大队首批队员入藏，为高精度测量珠峰高程，测绘队员首先要执行

◆1975年，国测一大队在珠峰进行大地测量

◆2005年北坡登顶珠峰路线

青藏板块 GPS 监测网的观测任务。这项工程要穿越藏北无人区和昆仑、唐古拉、喜马拉雅、冈底斯等大山，观测路线超过 7000 千米，监测网覆盖 30 多万平方千米，面积相当于西藏的四分之一，而队员们仅用一个月时间就完成了这项艰巨的任务。2005 年 10 月 9 日，中华人民共和国公布珠穆朗玛峰高度为 8844.43 米时，所有中国人为之骄傲自豪。

广角镜——珠峰曾经比现在高很多

有趣的测来测去（下）

　　2005 年第四次珠峰综合科考中，就在测量人员紧张有序地工作时，地质学家在珠峰地区采集到拉伸变形的岩石样品。

　　珠穆朗玛峰在岩石结构上分为三层：珠峰层、黄带层和北坳层。从发现的岩石样本看，北坳层曾发生过巨大的岩石变形和地质变化。根据观测和计算，珠峰北坳层岩石的拉伸率为 150% 左右，发生拉伸变形的年代大约在 1300 万年前。这意味着珠峰的高度在那时可能比现在高得多，高度应该超过 12000 米。

YOUQU DE
CELAI CEQU

质量与重力的关系
——重力测量简说

◆珠峰脚下的重力测量

重力测量是指测定地球表面的重力加速度值，重力方向须用天文测量方法确定。在测定重力值时可以利用与重力有关的物理现象，例如在重力作用下的自由落体运动、摆的摆动、弹簧伸缩、弦振动等。因此，重力测量分为静力法和动力法两类：静力法是根据物体受力后的平衡状态测定重力，动力法是根据物体受力后运动状态的改变测定重力。

重力测量的方法

重力测量的方法包括绝对重力测量和相对重力测量。

绝对重力测量是测定重力场中一点的绝对重力值，一般采用动力法。常用的方法有两种：一是观测自由落体的运动。这是G·伽利略在 1590 年进行世界上第一次重力测量时所用的方法。

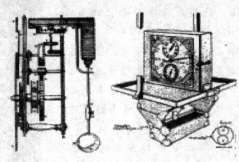

◆惠更斯发明的摆钟

二是观测单摆的运动。这是荷兰物理学家 C·惠更斯在 1673 年提出的。这两种方法一直沿用至今。

相对重力测量是测定两点的重力差值，可以采用动力法和静力法。

有趣的测来测去（下）

◆航空重力测量系统

1887 年，人们最早采用动力法来进行相对重力的测量，但因摆仪的测定精度只能达到毫伽级而且观测效率不高，目前已很少采用。现在普遍采用静力法的弹簧重力仪，使用方便，一般测定精度可达几十微伽。

海洋重力测量通常有两种办法：将重力仪沉入海底进行遥测或者将摆仪或重力仪安置在潜水艇或海面船上进行观测。在沙漠、冰川、沼泽、崇山峻岭和原始森林等交通不便地区，需采用航空重力测量方法。2002 年，我国攻克地球重力场测量技术难题，研制了集卫星定位、重力测量、激光技术等于一体的航空重力测量系统（CHAGS），实现了重力测量技术的重大突破。

有趣的测来测去（下）

知识库——世界上第一次重力测量

1590 年，意大利物理学家伽利略进行了世界上第一次重力测量。他利用球在斜面上的滚动，测得球在第 1 秒内走了 4.9 米，第 2 秒内走了 14.7 米，第 3 秒内走了 24.5 米，由此推得球在 2 秒时走的距离比第 1 秒时走的距离多 9.8 米；第 3 秒所走的距离也比第 2 秒所走的距离增加 9.8 米。从而得出重力加速度的数值为 $9.8m/s^2$。

◆伽利略

YOUQU DE
CELAI CEQU

卫星发射与重力测量

◆卫星发射

卫星、导弹、航天飞机和其他宇宙探测器的发射、制导、跟踪、遥控以至返回都需要精密的全球重力场模型和地面点的准确重力场参数。如火箭在发射场上有一段近地低速飞行，此时火箭制导系统对地球重力场的高频信息非常敏感，由重力场引起的加速度误差很快累积成速度误差，影响卫星正确入轨，因此，卫星发射场需要地球重力场的细微结构。为达到这个目的，必须在发射场测定足够精度和密度的重力点，建立场区局部重力场模型。

"地扁说"是怎样被证实的？

公元前 6 世纪后半叶，已有学者提出地为圆球的说法，1522 年麦哲伦领导船队环球航行成功，激起人们对地球形状的关注。17 世纪后期，牛顿、惠更斯等学者根据万有引力理论提出地扁学说，认为地球不停地围绕地轴旋转，其形状必然为两极略扁的椭球形。

地球南北略扁可以用弧度测量的方法证实，由于靠近两极的子午椭圆曲率小，其曲率半径大；而靠近赤道的子午椭圆曲率半径大，曲率半径小。子午椭圆上相同的 1° 弧长，必然是 $s_{北} > s_{南}$。1683—1718 年，法国卡西尼父子在过巴黎的子午圈上

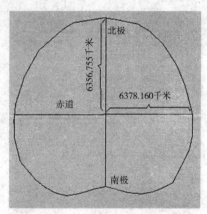

◆地球是一个两极稍扁，赤道略鼓的球体

图中标注：北极 / 南极 / 赤道 / 6356.755千米 / 6378.160千米

有趣的测来测去(下)

进行弧度测量，由于测量误差大，得出了地球是南北狭长的长球的看法，这与惠更斯根据力学定律所作的推断正好相反。为了解决这一疑问，法国科学院于1735年派遣两个测量队分赴秘鲁和北欧拉普兰进行弧度测量，从而证实了地扁说。这是人类对地球认识的飞跃，但这次飞跃过程经历了2400年。

重力测量是地扁学说的很好佐证：纬度低的地方重力值小，说明地面离地心较远；纬度高的地方重力值大，说明地面离地心较近。因此，地球是扁球。

有趣的测来测去（下）

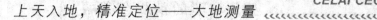

上天入地，精准定位——大地测量

YOUQU DE CELAI CEQU

关乎国计民生
——大地测量的作用

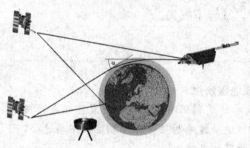

◆空间大地测量

大地测量学是为人类活动提供地球空间信息的科学，随着经济的不断发展和人口的持续增长，获取地球空间信息在国家经济建设、国防建设、地学研究和社会信息化进程中具有愈来愈重要的作用。

大地测量与地震预报

地球不停地运动变化，对地壳各部分岩层产生巨大的地应力，使一些岩层发生褶皱变形。当地应力的作用逐渐加强，使褶皱变形逐渐加剧，在某处超过岩层的强度时，就会在那里突发破裂或断裂错动。这时地应力所积累的能量就会急剧地释放出来，引起周围物质变动，产生地震波，进而在相当范围内引起地面震动，这种现象称为地震。地震的孕育和发生是在地球内部进行的一个物理过程，目前还不能直接观测到这个过程，所以，地震预测是当代的科学难题之一。

◆航拍汶川地区震后全景

有趣的测来测去（下）

地震是有预兆的，震前必然有地壳形变，而大地测绘可以发现这些前兆。人们通常在地震活动带布设水平和高程监测网，重复地进行水准测量、距离测量、角度测量、重力测量和 GPS 定位测量。通过分析和比对这些测量资料，就可以了解地壳水平形变和垂直形变的大小及趋势，为地震预测提供形变信息。

大地测量在预防其他地质灾害中同样发挥着重要作用，例如监测滑坡和泥石流等，1986 年科学家采用大地测量监测方法准确地预测了长江新滩附近的严重滑坡，防止了居民伤亡，减轻了损失。

知 识 窗

海城地震预报

1975 年海城短期地震预测的成功就是利用明显的短期地震前兆来预报的。地震与全球板块运动有关，相对运动速率明显偏离长期运动平均速率，表明板块边界带应变积累超常，有孕震的可能。

海城大地震，震级 7.3，震中烈度 9 度多，在世界历史上成功预报 7 级以上大震尚属首次。

大地测绘与地质找矿

◆李四光蜡像

地质找矿是国民经济中非常重要的基础工作。通过地质工作，研究岩矿分布、储量品位及开采价值等，是国家各项建设决策和发展的重要依据。地质找矿常常需要在野外工作，跋山涉水，风餐露宿，同时需要利用已有的地形图标绘或测绘各种地质图件。因此，没有测绘工作的先行和自始至终的配合是无法进行的，从区域地质调查、矿产普查、地质勘探一直到提交最终的地质报告，都离不开测绘工作。测绘的成果成图以及据此做出的各种地质图件的质量，都直接影响甚至决定地质工作的优劣与成败。经验证明，凡在地质找矿工作中重视测绘工作的地区和单位，所进行的地质勘探测量和提交的地质报告就能做到准确可靠，反之就会造成很大失误或损失浪费。

测绘工作还对地质科学研究有重要作用，有关大地构造学说、地壳运动理论、地面沉降和地质学家李四光创立的地质力学理论等，都不同程度地有赖于测绘科技的发展和依据具体的测绘成果进行的推断和论证。因此可以说，测绘工作是地质找矿工作不可或缺的重要组成部分。

大地测量与洲际导弹

洲际导弹是一种无人驾驶的飞行器，它装有火箭发动机和控制系统，射程大于 8000 千米，其作用是把弹头沿一定的弹道送至目标区。发射点和被打击目标一经确定，它的飞行轨道就能计算出来，并在发射前由导弹控制系统予以认定，因此，准确的测量是洲际导弹命中目标的根本前提。

首先，大地测量精确地测定发射点的坐标和基准方位角。根据发射点坐标和侦察判定的目标点坐标便可以计算导弹的射程和方位，从而实现导弹的精确定向。

其次，大地测量为洲际导弹提供全球和区域重力场模型。洲际导弹始终是在地球重力场中飞行的，它时刻受到地球重力场的巨大作用，正确表示地球重力场

◆洲际导弹的准确性取决于大地测量的准确性

有趣的测来测去（下）

的长波全球特性和建立发射区的详细重力场模型是提高发射精度的关键。

最后，通过大地测量，统一坐标系并进行大地位置计算。当测定发射点坐标及获取目标点坐标后，洲际导弹首先要将两点坐标归算到同一坐标系中，然后在椭球面上进行大地边长和大地方位角的解算。

YOUQU DE
CELAI CEQU

天上的千里眼——摄影测量

◆航空测量

摄影测量指的是通过影像研究信息的获取、处理、提取和成果表达的一门信息科学。它的主要任务是用于测绘各种比例尺的地形图、建立数字地面模型，为各种信息系统提供基础数据。根据摄影时摄影机所处的位置不同，摄影测量可分为地面摄影测量、航空摄影测量和航天摄影测量。

航空摄影测量

1858 年的一天，摄影师汤纳森在法国巴黎利用气球上的照相机拍下了世界上第一张空中相片，之后，气球摄影盛行。1860 年 10 月 13 日，美国的伯兰克在"空中皇后"号气球上，从 365 米的高空拍下了波士顿商业区及邻近港口的相片，该相片刊登在《大西洋》月刊 1863 年 7 月号上，其标题是："波士顿，如同老鹰和野雁在天上的眼光来看，与一般市民站在屋顶和烟囱上看同一地方的景观非常不同。"这

◆现存最早的波士顿空中相片

有趣的测来测去（下）

是现存的最早的空中相片。1903年莱特兄弟发明了飞机，但当时并没有用来航空摄影。直到1909年，一位电影摄影师跟随莱特兄弟飞行，拍下了第一部以飞机为平台的电影。同年4月23日，莱特兄弟在意大利训练海军军官时，在机翼上安放照相机，拍下了世界第一张真正意义上的航空相片。第一次世界大战期间，为了军事侦察，航空摄影才受到重视，并获得了迅速发展。

◆莱特兄弟不仅开创了航天新纪元，也拍下了世界第一张真正意义上的航空相片

中国的航空摄影测量始于1931年，这年8月，在购置航摄飞机、航摄设备及培训人员的基础上，南京国民政府参谋本部陆地测量总局正式建立航摄队。在以后的几年里，这个队主要测制了局部地区1：10000和1：25000比例尺的军事要塞图，以及湘黔、成渝一带1：50000比例尺的地形图。

讲解——航空摄影的实施方式

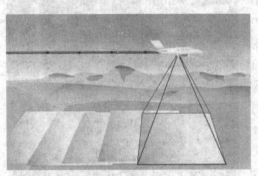

◆航空面积摄影

按摄影的实施方式分类，可分为单片摄影、航线摄影和面积摄影。

为拍摄单独固定目标而进行的摄影称为单片摄影，一般只摄取一张（或一对）相片。

沿一条航线，对地面狭长地区或沿线状地物（铁路、公路等）进行的连续摄影，称为航线摄影。为了使相邻相片的地物能互相衔接以及满足立体观察的需要，相邻相片间需要有一定的重叠，称为航向重叠。航

有趣的测来测去（下）

向重叠一般应达到60％，至少不小于53％。

沿数条航线对较大区域进行连续摄影，称为面积摄影（或区域摄影）。面积摄影要求各航线互相平行，在同一条航线上相邻相片间的航向重叠为60％～53％，相邻航线间的相片也要有一定的重叠，这种重叠称为旁向重叠，一般应为30％～15％。实施面积摄影时，通常要求航线与纬线平行，即按东西方向飞行，但有时也按照设计航线飞行。由于在飞行中难免出现一定的偏差，故需要限制航线长度，一般为60～120km，以避免偏航而发生漏摄。

知识库——不同航摄相片上有相同影像的奥秘

测量员作业时会发现相邻相片上有部分影像是相同的景物的影像，这是不是没有必要的重复劳动呢？不是。这是怎样造成的呢？是航空摄影时重叠摄影所致，相邻航线之间的重叠摄影称为旁向重叠；同一航线相邻相片之间的重叠摄影称为航向重叠。航向或旁向重叠度，分别表示相片航向或旁向影像重叠边长与像幅的长或宽之比，并以百分数表示，航向重叠度应不小于53％（如图所示），旁向重叠度应不小于15％。如果重叠度不够，就会出现航摄漏洞，应该及时补摄。

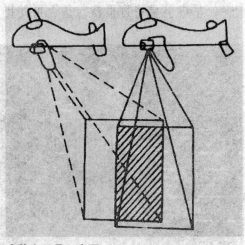

◆航向重叠示意图

为什么航向或旁向要有一定的重叠度呢？因为航测的目的是为了制作地图，航空摄影测量立体测图需要建立立体像对，而立体像对是由有一定的重叠度的相邻相片构成的。也就是说，根据生理视差的形成原理，人造立体观察的必要条件之一是必须观察两个摄影站对同一景物摄取的像对，并且每只眼必须各观察像对中的一张相片，以期使同名像点成对相交，这是航向重叠的原因。我们知道，测制一幅地图需要若干条航线的航摄资料，相邻航线的相片只有一定程度的重叠，才便于比较准确地进行航线间的拼接。

有趣的测来测去（下）

航天摄影测量

　　航空摄影测量是指在航天飞行中利用摄影机或其他遥感探测器获取地球或其他星体的图像资料和有关数据的技术。这里虽按习惯使用"摄影"一词，但已不仅指电磁辐射直接作用于底片乳剂而成像的方式，也包括获取信息的其他方式。

　　航天摄影的运载工具主要有气象卫星、侦察卫星、地球资源卫星、航天飞机和宇宙飞船以及测图卫星等。

　　军事卫星精度很高，是否可以代替地面测量？

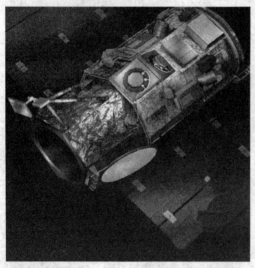

◆谷歌测绘精度达到 50 厘米的 Geo Eye 卫星

　　有些人认为，现在的卫星，特别是军事卫星功能强大，所拍之处的影像数据清晰度很高，网民们甚至能够通过谷歌地球（Google Earth，谷歌公司的一款虚拟地球仪软件）分辨出五角大楼外面停车场里的汽车是大巴还是轿车。但实际上，卫星影像也有很大的局限性，必须通过地面测量校正才能弥补。

　　通俗地讲，给你一张 300 毫米分辨率、毫无变形的高分辨率卫星影像，根据卫星拍摄时的位置，你可以确定这张影像的大概位置，你可以看清五角大楼里面汽车的颜色和人数，但你却无法确定五角大楼的精确地理坐标。由于卫星往往是斜穿过目标区上空的，你甚至在卫星影像上难以确定正北方，这就是高分辨率的卫星影像的定位难题。

　　另外，细心的人会发现，专业相机拍出的照片上的景物也有细微变形，普通家用的就更明显，只是人们不注意罢了。同样，航拍或卫星拍摄影像时，由于地

上天入地，精准定位——大地测量

球曲率大气折射以及相机不可避免地存在误差，最终获得的影像必然存在一定误差。例如在谷歌地球中，一些卫星照片接缝处景物明显对不上，这也证明谷歌地球卫星照片在某些区域存在较大的误差。可见航拍或高分辨率卫星影像制成的地图如果没有经过地面控制点的精确校正就不够精确，这也是目前各国炮兵一般都不是靠地图量距离，而是用激光测距仪直接测量火炮到目标的距离的原因。

◆通过谷歌地球观察到的五角大楼

有趣的测来测去（下）

冰面上的测量
——南极洲测量

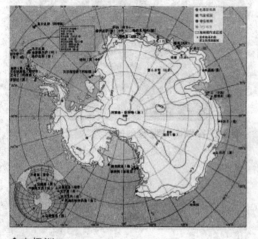

◆南极洲

有趣的测来测去（下）

　　南极洲是人类最后到达的大陆，也叫"第七大陆"。南极洲位于地球最南端，土地几乎都在南极圈内，四周围绕着太平洋、印度洋和大西洋，是世界上地理纬度最高的一个洲，平均海拔为 2350 米。南极洲同时也是跨经度最多的一个大洲，总面积约 1400 万平方千米，约占世界陆地总面积的 9.4%，位于七大洲面积的第五位。

　　南极大陆 98% 的地域终年为冰雪所覆盖，平均厚度 2000 米～2500 米，最大厚度为 4800 米。南极洲的淡水储量约占世界总淡水量的 90%，约占世界总水量的 2%。如果南极冰盖全部融化，地球平均海平面将升高 60 米，我国东部的经济特区将被淹没在一片汪洋之中。

南极科考 200 年

　　南极是地球上最后一块干净的未被人类污染的大陆。那里土地广袤，资源丰富，是研究天体和大气物理的理想的天然实验基地，它掌握着揭开地球上无数科学奥秘的钥匙。因此，人类为揭开南极的神秘面纱展开了不懈的科学探险活动，已经持续了 400 多年之久。这 400 多年也是世界各国抢占极地资源和话语权的 400 多年，仅国际地球物理年（1957—1958）期

上天入地，精准定位——大地测量

间，就有 12 个国家在南极先后建立了 67 个考察站。从科学考察价值和极地话语权角度来看，南极一共有 4 个必争之点：极点、冰点、磁点和高点。前三个点已经分别由美国、法国、苏联率先建站。中国将在南极内陆冰盖最高点——冰穹 A 建站、建台，占据南极最后一个最有地理价值的点，这对于推动中国南极科考事业进一步发展具有极大意义。

◆冰穹 A 的美丽风光

◆南极昆仑站的建设情景

有趣的测来测去（下）

　　中国从 1996—2001 年间，成功组织实施了 4 次中山站至冰穹 A 的内陆冰盖考察，建立了从中山站—冰穹 A1100 千米的冰川学考察断面，取得了许多珍贵的雪冰样品和观测资料。2009 年 1 月 7 日，中国第 25 次南极考察队内陆冰盖考察队成功登顶南极内陆冰盖的最高点冰穹 A，并随即在这里正式开工建设中国第三个南极科学考察站——昆仑站，开始了对冰穹 A 的科研考察。

　　南极冰穹 A 地区独特的自然条件使它拥有地球上其他任何科学观测站所无法代替的重要地位，将对气候、天文、地质、空间科学研究和空间安全监测等领域的科学研究产生不可估量的重大作用。

　　因为冰穹 A 位于冰盖最高点，冰体流变作用最小，是国际公认的南极冰盖最理想的深冰芯钻取地点。未经变形的冰体中高分辨率的气候环境记录可望恢复到地球最古老的中新世。国际上已完成或正实施的深钻计划（如东方站、冰穹 C、冰穹 F）均位于冰穹 A 的下游，可为南极其他深冰芯记录提供参考基准。

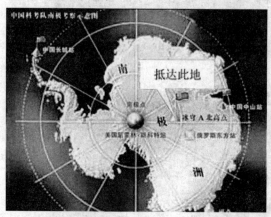

◆冰穹 A 的地理位置图

　　冰穹 A 地区是进行天文观测的最好场所。冰穹 A 有地球上最好的大气透明度和大气视宁度、3～4 个月的连续观测机会、较低的风速以及在较宽的电磁波段内等条件，已被国际天文界公认为地球上最好的天文台址。

　　冰穹 A 还是南极地质研究最具挑战意义的地方。东南极冰下基岩最高点的甘伯尔采夫冰下山脉是形成冰穹 A 的直接地貌原因，由于其海拔高度近 4000 米，是国际公认的广阔的南极内陆冰盖中最有利和最有意义的直接获取地质样品的地点，因而成为地质研究最具吸引力的地方。因此，冰穹 A 是世界上雪冰现代气候环境观测、大气与气象观测等独一无二的科学观测站，在科学上的意义是地球上其他任何科学观测站所无法代替的。

有趣的测来测去(下)

万花筒——古人假想的南极大陆

在 2000 多年前，人类对自己生存的地球远没有像今天这样了解，那时只清楚已知的大陆都位于北半球，但古希腊人根据太阳总是出现在南面天空的事实，认为南半球也应该有一片大陆。当时的天文学家、哲学家亚里士多德（公元前 384—公元前 322 年）曾经有一个著名的假说：地球要保持相对平衡，南北两端必须各有一块陆地，而且可能是南重北轻，否则，这个球状体的世界就会翻来倒去。后来，天文学家、地理学家希帕库（? —公元前 127 年）根据对称原理提出，如果南半球没有一块陆地，地球就无法保持平衡，他把这块想象中的陆地称为"南方的大陆"。到了公元 1 世纪，罗马地理学家庞蓬尼·麦拉不仅赞成关于南大陆存在的设想，还指出南大陆的南极地区与北极地区一样，因严寒而无人居住。公元 2 世纪，天文学家、地理学家托勒密（约公元 90—168 年）曾绘制出一幅极富想象力的图，他在人们熟知的洲区的南方，加画了一块跨越地球底部的大陆，并给它起了个名字叫"未知的南方大陆"。他认为南方大陆非常大，几乎填满了南半球。这个地图与现代理解的地图基本一致，所以，托勒密有"现代地图学祖师"之称。在 14—16 世纪的欧洲文艺复兴时期，托勒密的地球学著作被重新"发现"，译成各种文字，一再再版，许多地图上发现了这块"假想的大陆"，只是它的位置要比托勒密绘制得更靠南一些，并且它的名字也被改成"南方的陆地"。

知 识 库

南极探险

1820 年前后，一些猎取海豹的猎人来到南极洲，他们可能就是最早到达南极的人。1895 年，比利时的几位探险家在冰原上度过了一个冬季。1901 年，罗伯特·斯科特率领英国探险队前往南极，但是没有成功。1911 年 11 月，挪威探险家罗德·阿蒙森成为到达南极的第一人。此后不久，斯科特也带领探险队到达南极，但不幸的是，斯科特及其同伴在归途中全部遇难。

知识窗

南极大陆的形成

　　2.5亿年前左右，地壳运动从非洲东部的海沟开始，撕裂了冈瓦纳古陆，先是印度洋越来越大，使印度与澳洲和南极洲分开。5300万年前，南大西洋使南极洲最终脱离了温暖的古大陆，与澳洲分离，孤独地向南漂去。直到3900万年前左右，南极被抛到了今天的位置，再次遭遇冰期后就彻底成为了一个荒芜的冰冷大陆。

有趣的测来测去（下）

英雄眼底无盲区
——当代中国的军事测绘

军事测绘是指为军事需要获取、提供地理、地形资料和信息的专业勤务，是国防建设和军队指挥的重要保障，通常由军事测绘部门实施。军事测绘的基本任务包括测制与搜集军用大地测量成果和军用地图，调查整理军事地理资料，组织实施作战和训练的测绘工作。通过军事测绘能保障指挥员了解战区地理形势，掌握战场地形情况；能保障部队在作战中正确利用地形；能保障各种武器准确定位，充分发挥射击效能。

◆军事测绘

军事测绘简史

军事测绘是在作战中对地形的研究和利用逐步形成的，最初主要是靠现地观察，当战场范围超出目视距离或无法现地研究和指挥作战时，地图就成了指挥作战的重要工具，军事测绘就是从测制、提供军用地图发展起来的。在古代，测绘地图主要利用"准、绳、规、矩"等简单工具测定地面点位的距离和高低，并采用写景方式描绘出地形要素。中国古籍《管子·地图篇》记载有"凡兵主者必先审知地图……然后可以行军袭邑，举措知先后，不失地利"，阐明了地图在军事行动中的地位和作用。

◆马王堆出土的古代驻军图复原图

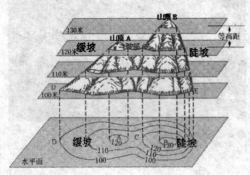

◆等高线地形图

有趣的测来测去(下)

我国西汉时测制的地形图和驻军图（1973 年在马王堆三号汉墓出土，系公元前 168 年的殉葬品）已经较详细地显示了城镇、山脉、河流、道路的位置和军事情况，是迄今为止世界上发现最早的军用地图。17 世纪，西欧和中国相继用三角测量方法测定地面点作为控制基础，进行大范围测图，使军用地图的精度有所提高。18 世纪中叶，法国陆军借助地图指挥佛兰德斯之战，获胜后开始测绘全国大比例尺地图。18 世纪末，法国首先在地图上用等高线准确地显示高低起伏的地貌，解决了图上高程的量取问题，这是军用地图的重大变革。19 世纪 80 年代，因火炮射程增大，需要建立炮兵控制网、连测炮兵战斗队形和确定目标位置，开始在战场上扩展军用大地控制网，使大地测量成果不仅成为测图的控制基础，而且直接用于炮兵战斗保障。第一次世界大战中出现的空中摄影侦察，催生了航空摄影测量测绘地形图的新方法，使测图速度和质量大大提高，这是测绘技术的又一重大发展。第二次世界大战以后，为保障远程武器的命中率和精度，要求建立全球统一坐标系统、地球引力场模型以及测制目标地区的地形图。而人造地球卫星、激光、电子计算机、遥感等科学技术的发展，为测图和全球定位提供了新的手段，进一步开拓了地图测制自动化、卫星大地测量、航天摄影测量和遥感技术等新领域。

YOUQU DE
CELAI CEQU

广角镜

军事测绘趋势

随着科学技术的发展，军事测绘的范围已从陆地、海洋扩展到外层空间。为适应未来作战的需要，提高快速反应能力，军事测绘的发展趋势是：

（1）着重发展航天遥感技术、地形信息传输和地图自动显示等测绘新技术，以满足军队指挥自动化的要求。

（2）着重精化地心坐标和地球引力场模型，扩大动态大地测量应用，发展射电干涉测量和地形匹配制导技术，以提高远程武器命中精度。

（3）着重研制全天候、全天时、小型化和可靠性高的野战测量系统和多功能、自动化的测图、制图装备，以改进测绘手段，加快测绘速度。

我国现代军事测绘

随着国力强盛，我国现代军事测绘得到了快速的大发展。让我们看一组激动人心的数字：仅在"十五"期间，我国的军事测绘官兵就完成了全国 1：50000 地面高程数字化工程和全国 1：50000 基础地理信息框架建设，建立了全球 1：500 万军事地理数据库，编制了 1：500 万世界军事地理

◆军事测绘离不开卫星定位系统

图。高密度测点、高精度测绘成果、高频度测绘行动……这一系列以"高"命名的成果，印证着改革开放以来我军测绘官兵丈量祖国大地的新贡献。

进入 21 世纪，卫星定位系统在现代军事作战中发挥着越来越重要的作用，而我国 20 世纪五六十年代建立起来的天文大地控制网已不再适应现代战争的需要，要抢占信息化战场的制高点，就必须尽快建起高精度的卫星

◆生命禁区的测量

有趣的测来测去（下）

◆戈壁滩上的测绘

定位控制网。经过 18 年的艰苦努力，我国新一代高精度地心坐标系已建成并投入使用。要完成这项浩大的工程，天文计时是一个"拦路虎"，一位外国专家曾经断言："中国要完成天文计时至少需要 20 年!"然而，总参某测绘大队迎难而上，仅用了两年就研制出我军第一代天文计时器。从此，一个个网点、一个个数据伴着官兵的汗水跃然屏上，化作电子地图上的一个个标识，中国自己的卫星测量网悄然落成，比原有的天文大地网精度提高了两个数量级，标志着我军测绘事业进入信息时代。

虽然有了信息化测绘手段，但中国测绘官兵并没有丢掉"铁脚板"的老传统。早在中国载人航天工程第一艘试验飞船"神舟一号"升空 5 年前，总参某测绘大队官兵就进入茫茫戈壁滩，每年都在荒无人烟的大漠深处跋涉作业 5 个月以上，精确的测量数据确保了航天飞船飞得准、落到位。在黑瞎子岛中俄边界测绘行动中，沈阳军区某测绘大队官兵先后 3 次登岛、6 次过境，行程 1000 多千米，对测点、界桩和边境的每段走向都进行了精确测量，准确率达到 100%，为外交谈判提供了详实数据。在滔滔南海，海军某海测船大队官兵战风斗浪航行 14 万多海里，多次赴南沙、中沙和西沙海域进行海洋测量，以最少的航次完成了水深和海洋空间重力测量，并探测了南沙部分礁盘范围、海洋站址以及锚地地貌。为

上天入地，精准定位——大地测量

YOUQU DE
CELAI CEQU

我国第一颗原子弹、第一颗氢弹、第一颗人造地球卫星和同步通讯卫星、第一枚导弹和"神舟"号系列飞船的成功试验提供了高精度的测绘保障。我国的测绘部队也由单一的大地测量队逐步发展成为一支从事野外大地测量、精密工程测量、战场建设测绘保障、数据处理与管理等综合性的测绘技术部队。

 广角镜——国测一大队

新中国成立之初，百业待兴，全国仅有约三分之一的地区进行过低精度测绘，急需一支高水平的测绘队伍为国防和经济建设提供测绘依据。在这样的背景下，1954年，国测一大队在西安成立。几十年来，这支测绘队伍踏遍了祖国的千山万水，大地测量控制成果占中国版图近一半。中国大地原点、国家天文大地网、国家重力基本网、国家GPS网、中国地壳运动监测网、珠穆朗玛峰高程复测、中蒙、中巴、中尼边界勘测……一项项重大的测绘工程都凝结着他们的智慧和血汗。建队以来，有46名队员牺牲在工作岗位上，大多数人连一块墓碑也没来得及立，不少人甚至连生平材料都没留下，他们的生命传奇唯有大地作证。

◆水准测量队队员野外作业

◆青海唐古拉山 GPS 观测

有趣的测来测去（下）

测绘队员付出的艰辛外人难以想象，为了测出某地的精确高度，必须把高程从已知水准点一段一段引过来，每段距离不能超过30米，每千米误差不能超过

1 毫米，至今世界上没有更省力的办法。他们扶着标尺和仪器，边测边走，每天最多行进 10 千米。为了测量珠穆朗玛峰的高程，要把高程从黄海之滨的青岛水准点引到珠峰脚下，队员们用双脚迂回曲折地走了 12 万千米，花了整整 10 年时间。

有趣的测来测去（下）

国计民生，毫厘计较

——工程测量

　　工程测量能为工程建设提供精确的测量数据和大比例尺地图，从而保障工程选址合理，确保施工的有效管理，并且在工程运营阶段进行形变观测和沉降监测，以保证工程运行正常。在房屋、水利、矿山、铁路、公路、桥梁、隧道、输电线路、输油管道、军事工程等建设中，无不以测量数据作为重要的依据。

欲善其事必先利其器——工程测量仪器

工程测量仪器是指在工程建设的规划设计、施工及经营管理阶段进行各种定向、测距、测角、测高、测图以及摄影测量等方面的仪器，这需要专业的仪器和设备，在本节中将介绍工程测量中常用的仪器。

◆常见的工程测量专业仪器

经纬仪

经纬仪是一种测量水平角和竖直角的仪器，它由望远镜、水平度盘与垂直度盘等部件组成，广泛用于控制、地形和施工放样等测量。经纬仪按读数设备分为游标经纬仪、光学经纬仪和电子经纬仪。我国的经纬仪系列有DJ07、DJ1、DJ2、DJ6、DJ15、DJ60六个型号，"DJ"是"大地测量经纬仪"的简称。在经纬仪上附上专用配件时，可组成激光经纬仪、坡面经纬仪等，此外，还有专用的陀螺经纬仪、矿山经纬仪、摄影经纬仪等。

◆经纬仪

有趣的测来测去（下）

知识库——陀螺经纬仪

陀螺经纬仪是将陀螺仪和经纬仪组合在一起，用以测定真方位角的仪器，在南北纬度75°范围内均可使用。陀螺高速旋转时，由于受地球自转影响，其轴向子午面两侧往复摆动，通过观测，可定出正北方向。陀螺经纬仪主要用于矿山和隧道地下导线测量的定向工作，有的陀螺经纬仪用微处理机进行控制，自动显示测量成果，具有较高的测量精度，激光陀螺经纬仪则具有精度较高、稳定和成本低的特点。

有趣的测来测去（下）

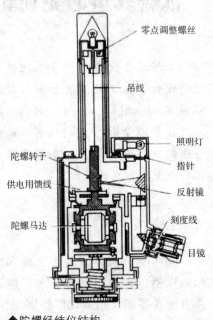

零点调整螺丝
吊线
照明灯
陀螺转子　　指针
供电用馈线　　反射镜
　　　　　刻度线
陀螺马达　　目镜

◆陀螺经纬仪结构

水准仪

◆水准仪

水准仪是测量两点间高差的仪器，它由望远镜、水准器和基座等部件组成，广泛用于控制、地形和施工放样等测量工作。水准仪按构造又可分为定镜水准仪、转镜水准仪、微倾水准仪、自动安平水准仪等。我国水准仪的系列标准有DS05、DS1、DS3、DS10、DS20等型号，"DS"是"大地测量水准

仪"的简称，在水准仪上附有专用配件时，可组成激光水准仪。

电磁波测距仪

电磁波测距仪是应用电磁波运载测距信号测量两点间距离的仪器，它是利用电磁波作为载波，经调制后由测线一端发射出去，由另一端反射或转送回来，测定发射波与回波相隔的时间来测量距离的方法。测程在 5～20 千米的称为中程测距仪，在 5 千米之内的为短程测距仪。电磁波测距仪的精度一般为 5mm ＋ 5ppm（百万分之一），具有小型、轻便、精度高等特点。

◆电磁波测距仪

20 世纪 60 年代以来，测距仪发展迅速，近年来生产的双色精密光电测距仪精度达 0.1mm＋0.1ppm。电磁波测距仪已被广泛用于控制、地形和施工放样等测量中，成倍地提高了工作效率和量距精度。

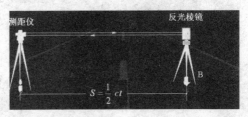
◆电磁波测距原理

电子速测仪

电子速测仪是由电子经纬仪、电磁波测距仪、微型计算机、程序模块、存储器和自动记录装置等组成，能快速进行测距、测角、计算、记录等多功能的电子测量仪器。电子速测仪有整体式和组合式两类：整体式电子速测仪为各功能部件整体组合，可自动显示斜距、角度，自动归算并显示平距、高差及坐标增量，自动化程度较高；组合式电子速测仪，即由电子经纬仪、电磁波测距仪、计算机及绘图设备等分离元件按需要组合而成的电子速测仪，它既有较高的自动化特性，又具备较大的灵活性。电子速测仪适用于工程测量和大比例尺地形测量，能为建立数字地面模型提供数据，使地面测量趋于自动化，还可以对活动目标作跟踪测量，例如对港口工程中的船舶进出港口的航迹观测。

激光测量仪器

◆激光准直仪

激光测量仪器是装有激光发射器的各种测量仪器的总称。这类仪器较多，其共同点是将一个氦氖激光器与望远镜连接，把激光束导入望远镜筒，并使其与视准轴重合。它利用激光束方向性好、发射角小、亮度高、红色可见等优点，形成一条鲜明的准直线作为定向定位的依据。在大型建筑施工，沟渠、隧道开挖，大型机器安装以及变形观测等工程测量中都有广泛应用。

常见的激光测量仪器有：①激光准直仪和激光指向仪。激光准直仪和激光指向仪两者构造相近，主要用于沟渠、隧道或管道施工、大型机械安装、建筑物变形观测，目前激光准直精度已达 $10^{-5} \sim 10^{-6}$。②激光垂线仪。激光垂线仪是将激光束置于铅直方向以进行竖向准直的仪器，用于高层建筑、烟囱、电梯等施工过程中的垂直定位及后期的倾斜观测，精度可达 0.5×10^{-4}。③激光经纬仪。激光经纬仪用于施工及设备安装中的定线、定位和测设已知角度，通常在 200 米内的偏差小于 1 厘米。④激光水准仪。激光水准仪除具有普通水准仪的功能外，还可以做准直导向之

◆激光垂线仪

有趣的测来测去（下）

用。如在水准尺上装自动跟踪光电接收靶，即可进行激光水准测量。⑤激光平面仪。激光平面仪是一种建筑施工用的多功能激光测量仪器，其铅直光束通过五棱镜转为水平光束；微电机带动五棱镜旋转，水平光束扫描，给出激光水平面，精度可达20″。激光平面仪适用于提升施工的滑模平台、网形屋架的水平控制和大面积混凝土楼板支模、灌筑及抄平工作，精确方便、省力省工。

全站仪

全站仪，即全站型电子速测仪。全站仪是一种集光、机、电为一体的高技术测量仪器，它是集水平角、垂直角、距离（斜距、平距）、高差测量功能于一体的测绘仪器系统。因其一次安置仪器就可完成该测站上全部测量工作，所以称之为全站仪。全站仪被广泛用于地上大型建筑和地下隧道施工等精密工程测量或变形监测领域。

目前，全站仪已经达到令人难以置信的角度和距离测量精度。目前世界上最高精度的全站仪测角精度可以达到 0.5″，测距精度可以达到 0.5mm＋1ppm；它白天和黑夜都可以工作，既可以人工操作也可以自动操作，既可以远距离遥控运行也可以在机载应用程序控制下使用。它主要

◆全站仪

应用于精密工程测量、变形监测等领域。全站仪这一最常规的测量仪器将越来越能满足各项测绘工作的需求，并在测绘工作中发挥更大的作用。

有趣的测来测去（下）

毫厘不差
——精密工程测量技术

精密工程测量是指以毫米级或更高精度进行的工程测量。重要的科学试验和复杂的大型工程，例如高能加速器设备部件的安装、卫星和导弹发射轨道的测量等，都要进行精密工程测量。除常规的测量仪器和方法外，常需设计和制造一些专用的仪器和工具，计量、激光、电子计算机、摄影测量、电子测量技术以及自动化技术等也已应用于精密工程测量工作中。

◆法国与瑞士边界的超大粒子加速器安装需要高精密工程测量

精密工程测量技术包括精密地直线定线、测量角度（或方向）、测量距离、测量高差以及设置稳定的精密测量标志。从测量方案设计、实地施测到成果处理和利用的各个阶段都要用误差理论进行分析。

◆激光经纬仪

有趣的测来测去（下）

距离测量技术

测量地面上两点连线长度的工作通常需要测定的是水平距离，即两点连线投影在某水准面上的长度，它是确定地面点平面位置的要素之一。测量地面上两点连线长度的工作是测量工作中最基本的任务之一，距离测量的精度用相对精度表示，即距离测量的误差同该长度的比值，用分子为1的分式 $1/n$ 表示。距离测量的方法有量尺量距、视距测量、视差法测距和电磁波测距等，可以根据测量的性质、精度要求和其他条件选择不同的测量方法。

一、量尺量距

量尺量距是用量尺直接测定两点间距离的方法，它分为钢尺量距和因瓦基线尺量距。钢尺是用薄钢带制成，长20米、30米或50米。

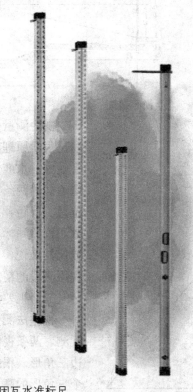

◆因瓦水准标尺

所量距离大于尺长时，需先标定直线再分段测量。钢尺量距的精度一般高于1/1000。因瓦基线尺是用温度膨胀系数很小的因瓦合金钢制造的线状尺或带状尺。常用的线状尺长24米，钢丝直径1.65毫米，线尺两端各连接一个有毫米刻划的分划尺，分划尺刻度为80毫米。量距时用10千克重锤通过滑轮引张，使尺子成悬链线形状，线尺两端分划尺上同名刻划线间的直线距离，即悬链线的弦长是线尺的工作长度。因瓦基线尺受温度变化影响极小，量距精度高达1/1000000。因瓦基线尺主要用于丈量三角网的基线和其他高精度的边长。

二、视距测量

有趣的测来测去（下）

GANWU KEXUE DE
JINGQUE YU MEILI

感悟科学的精确与美丽

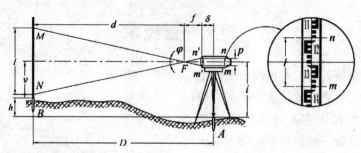

◆视距测量

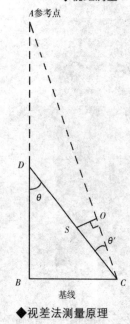

A参考点

基线

◆视差法测量原理

有
趣
的
测
来
测
去
（下）

　　视距测量是指用有视距装置的测量仪器，按光学和三角学原理测定两点间距离的方法，常用经纬仪、平板仪、水准仪和有刻划的标尺施测。视距测量通过望远镜的两条视距丝，观测其在垂直竖立的标尺上的位置。视距丝在标尺上的间隔称为尺间隔或视距读数，仪器到标尺间的距离是尺间隔的函数。对于大多数仪器来说，在设计时使距离和尺间隔之比为100。视距测量的精度可达1/300～1/400。

　　三、视差法测量

　　视差法测量是对同一个物体分别在两个点上进行观测，两条视线与两个点之间的连线可以形成一个等边三角形，根据这个三角形顶角的大小就可以知道这个三角形的高，也就是物体距观察者的距离。我们平时通过肉眼观察可以知道物体的远近，就是利用三角视差法——两只眼睛就是两个视点，如果闭上一只眼睛，就不能准确判断距离了。如果物体太远，顶角就会变得很小，这时，就不能准确判断距离了，因此视差法测距的精度较低。

高程测量技术

　　高程测量有三种方法：水准测量、三角高程测量和气压高程测量。

　　一、水准测量

　　水准测量是用水准仪和水准尺测定地面上两点间高差的方法。在地面

国计民生，毫厘计较——工程测量

两点间安置水准仪，观测竖立在两点上的水准标尺，按尺上读数推算两点间的高差。测量时通常由水准原点或任一已知高程点出发，沿选定的水准路线逐站测定各点的高程。由于不同高程的水准面不平行，沿不同路线测得的两点间高差会有差异，所以在整理国家水准测量成果时，须按所采用的正常高系统加以必要的改正，以求得正确的高程。

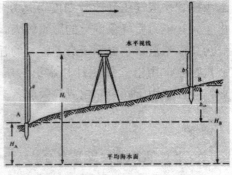

◆水准测量法测高程

二、三角高程测量

三角高程测量是指通过观测两点间的水平距离和天顶距（或高度角）求定两点间高差的方法。它观测方法简单，不受地形条件限制，是测定大地控制点高程的基本方法。

100多年以前，三角高程测量是测定高差的主要方法，自水准测量方法出现以后，它已经退居

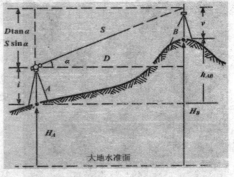

◆三角高程测量法

次要地位。但是由于作业简单，三角高程测量在山区和丘陵地区仍得到广泛应用。

三、气压高程测量

气压高程测量是根据大气压力随高程变化的规律，用气压计测定两点的气压差推算高差的方法。大气压力常以汞柱高度表示，温度为0℃时，在纬度45°处的平均海面上大气平均压力约为760毫米汞柱。每升高约11米，大气压力减少1毫

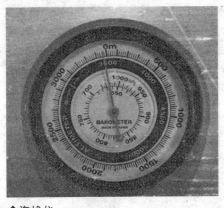

◆海拔仪

有趣的测来测去（下）

米汞柱。一般气压计读数精度可达0.1毫米汞柱，约相当于1米的高差。由于大气压力受气象变化的影响较大，气压高程测量精度低于水准测量和三角高程测量，主要用于高差较大的丘陵地和山区的勘测工作。气压高程测量时通常用空盒气压计和水银气压计，前者便于携带，多用于野外作业，后者常用于固定测站或检验前者。

知识库——因瓦合金

◆因瓦合金发明者纪尧姆

因瓦合金（invar），是一种体积基本不变的合金，中文名字叫殷钢。1896年瑞士科学家纪尧姆发现一种奇妙的合金，这种合金在磁性温度即居里点附近热膨胀系数显著减少，出现所谓反常热膨胀现象（负反常），从而可以在室温附近很宽的温度范围内，获得很小的甚至接近零的膨胀系数。这种合金的成分为镍36%，铁63.8%，碳0.2%。这种优良的合金对科学进步的贡献非常大，其发现者（瑞士物理学家纪尧姆）为此获得1920年的诺贝尔物理学奖，他是历史上唯一一位因一项冶金学成果而获此殊荣的科学家。

因瓦合金主要适用于电器元件与硬玻璃、软玻璃、陶瓷匹配封接的玻封合金，它用于制作在气温变化范围内尺寸近于恒定的元件，广泛用于无线电、精密仪表、仪器和其他行业，用来制作标准量具、微波谐振腔、双金属波动层等。

有趣的测来测去（下）

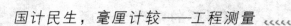

角度测量技术

角度测量技术常用来测定水平角或竖直角。水平角是一点到两个目标的方向线垂直投影在水平面上所成的夹角。竖直角是一点到目标的方向线和一特定方向之间在同一竖直面内的夹角，通常以水平方向或天顶方向作为特定方向。水平方向和目标间的夹角称为高度角，天顶方向和目标方向间的夹角称为天顶距。角度的度量常用 60 分制和弧度制。60 分制即一周为 $360°$，$1°$ 为 $60'$，$1'$ 为 $60''$。弧度制采用圆周角的 $1/2\pi$ 为 1 弧度，1 弧度约等于 $57°17'45''$。此外，军事上常用密位做量角的单位。为

◆测回法测水平角

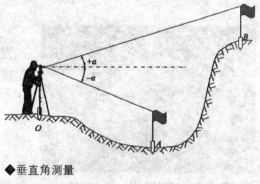

◆垂直角测量

使 1 密位所对的弧长约略等于半径的 $1/1000$，取圆周角的 $1/6000$ 为 1 密位。角度测量主要使用经纬仪。安置经纬仪使其中心与测站标志中心在同一铅垂线上，利用照准部上的水准器整平仪器后，进行水平角或竖直角观测。

观测两个方向之间的水平夹角采用测回法。测回法即用盘左（竖直度盘位于望远镜左侧）、盘右（竖直度盘位于望远镜右侧）两个位置进行观测。用盘左观测时，分别照准左、右目标得到两个读数，两数之差为上半测回角值。为了消除部分仪器误差，倒转望远镜再用盘右观测，得到下半测回角值，取上、下两个半测回角值的平均值为一测回的角值。用该方法测量时，按精度要求可观测若干测回，取其平均值为最终的观测角值。

全组合测角法：每次取两个方向组成单角，将所有可能组成的单角分

别采取测回法进行观测，各测站的测回数与方向数的乘积应近似地等于一个常数。由于每次只观测两个方向间的单角，所以可以克服各目标成像不能同时清晰稳定的困难，缩短一测回的观测时间，减少外界条件的影响，易于获得高精度的测角成果，适用于高精度三角测量。

同水平角一样，垂直角的角值也是度盘上两个方向的读数之差，望远镜瞄准目标的视线与水平线分别在竖直度盘上有对应读数，两读数之差即为垂直角的角值。所不同的是，垂直角两个方向中的一个方向是水平方向。无论对哪一种经纬仪来说，视线水平时的竖盘读数都应为 90°的倍数，所以，测量垂直角时，只要瞄准目标读出竖盘读数，即可计算出垂直角。

不断提升的测绘精度

◆磁悬浮列车轨道精度达到亚毫米级

◆双频激光干涉仪

随着社会经济建设和科学技术的发展，人们要求精密测量距离的情况很多。例如，为了保证高能粒子在接近光速的飞行中与导流束管壁不发生碰撞，要求两相邻电磁铁的径向相对误差不超过±0.2毫米；在直线加速器中，漂移管的横向距离精度要求达到±（0.3～0.5）毫米。大型射电天文望远镜的安装、人造卫星和导弹的发射轨道、地壳运动和地震的监测、大型建筑物和设备的形变监测、高速磁悬浮铁路建设等，都要求测距精度达到毫米级或亚毫米级。

对此，测量工作者和有关仪器厂家一直在研究和发展精密测距的新仪器和新方法。例如，用特制的因瓦杆尺、线尺进行测距和位移测量，精度可达±0.02毫米；高精度

有趣的测来测去（下）

的电磁波测距仪，特别是双色激光测距仪，1千米的测距精度可达±0.2毫米；采用全球定位系统的空间测量技术，测量地面上相互不通视的两点距离的相对精度为千万分之五，即测量相距10千米的任意两点之间的距离精度为±5毫米；利用多普勒频移效应测定位移的双频激光干涉仪的精度可高达±0.5微米/米，成为最精密的长度测量仪，也是精密测距中最重要的长度基准。

有趣的测来测去（下）

工程测量的应用

人们把工程建设中的所有测绘工作统称为工程测量。实际上它包括工程建设勘测、设计、施工和管理阶段所进行的各种测量工作，它是直接为各项建设项目的勘测、设计、施工、安装、竣工、监测以及营运管理等一系列工程工序服务的。可以这样说，没有测量工作为工程建

◆各项工程建设离不开工程测量

设提供数据和图纸，并及时与之配合，任何工程建设都无法完成。接下来让我们了解一下工程测量在哪些方面施展才能。

矿山测量

◆煤矿巷道

矿山包括煤矿、金属矿、非金属矿、建材矿和化学矿等。早在公元前 13 世纪，埃及人就按比例尺绘制了巷道图，此后，矿山测量在欧洲也获得了迅速发展。新中国成立后，我国在矿山测量方面取得了长足的进步，采用先进的测量仪器观测和研究地表和岩层移动，

对矿产资源开发进行监督。

矿山测量是矿山建设和生产时期的重要环节，由于矿山测量工作涉及地面和井下，不但要为矿山生产建设服务，也要为安全生产提供信息，以便对安全生产做出决策。矿山测量的任何疏忽或误差都会影响生产，甚至可能导致严重事故发生，因此，矿山测量在矿山开采中的责任与作用都是很大的。矿山测量的主要任务是建立矿区地面控制网和测绘地形图及矿山图，进行矿区地面与井下各种工程的施工测量和竣工验收测量，进行岩层与地表移动的观测及研究，为留设保护矿柱和安全开采提供资料，测绘和编制各种采掘工程图及

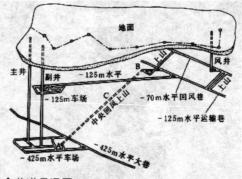
◆巷道贯通图

◆煤矿巷道贯通需要精确测量

矿体几何图，参加采矿计划的编制并对资源利用及生产情况进行检查和监督。

此外，在矿山开采阶段还有许多复杂的技术问题需要矿山测量来解决，如主巷道的定向与测量、井下巷道贯通、弯道设置、竖井联测、斜洞布设、矿量计算、井上井下对照等，处处都离不测绘。巷道贯通如果不经过精确测量就不能随意开挖，否则将造成大量巷道作废，不仅浪费大，而且影响生产，甚至会发生事故。

铁路和公路测量

铁路和公路在勘测设计、施工及运营阶段都需要大量的测量工作。

在勘测设计阶段的测量工作主要是在地图上研究和实地勘测的基础上

有趣的测来测去（下）

◆高速公路测绘

◆桥梁施工过程中的测量

有趣的测来测去（下）

选定最经济合理的线路，然后把线路标定在地面上。铁路勘测分初测、定测两个阶段，在初测前要进行现场踏勘，初测工作包括沿线导线测量、水准测量，测绘沿线带状地形图及桥梁、隧道和其他工程需要的地形图，在带状地形图上作纸上定线，进行线路初步设计。在比较平坦的地区，一般采用人工测量方法；在地面起伏较大地区，主要采用航空摄影测量。定测工作指根据初步设计将线路的位置用木桩标定在地面上，并进一步收集资料供施工设计之用，定测工作包括中线测量、横断面测量、线路水准测量和地形测量。

施工阶段的测量工作包括线路施工、桥梁施工、隧道施工中的测量工作和竣工测量，线路施工前应将定测时所标定的线路进行复测，以作为施工放样的基础。线路施工放样的主要内容有：路基放样、道路路面放样、道路交叉连接线放样和线路变坡处竖曲线的放样等。铁路和道路竣工测量用以检查工程建筑物是否符合设计要求，其成果作为工程验收和运营管理的基本依据。线路工程竣工测量要求全面复测平面及高程控制点、路基中线转点、直线交点、主点及里程桩；加固或重建标志，埋设永久性标石；复测路基及站场纵横断面；绘制竣工图、表，并详加注记及说明。

运营阶段的测量工作主要是线路及建筑物维修、改扩建工程测量以及桥梁、隧道的变形观测。根据竣工图表资料及平面、高程控制点标志进行里程、高程、纵断面、横断面、地形图测量及细部放样，建立较高精度控制网点进行桥梁、隧道变形观测。铁路枢纽站场的改建和扩建，为了不影响列车运行或不受列车通行的干扰，多采用航空摄影测量或地面摄影测量方法，获取1：500或更大比例尺的地形图或平面图。

◆隧道测量系统

现代铁路、公路建设各阶段的测量广泛应用电磁波测距仪及电子速测仪，主要用于建立三维控制网、测绘地形图、进行线路定线和建筑物的放样，航空摄影测量已成为线路勘测和枢纽站场测量的主要测量手段。陀螺经纬仪已应用于铁路、道路、隧道洞内定向测量。激光经纬仪、激光水准仪、激光导向仪等已开始用于

◆航空摄影使线路选择更方便

施工放样，航天及航空遥感技术已应用于线路选线。近年来，近景摄影测量已用于桥梁隧道施工变形观测及竣工断面测量，以便于建立技术档案。

有趣的测来测去（下）

闸坝变形测量

闸坝变形测量是指运用观测仪器和设备对闸坝在内、外部荷载和各种影响因素作用下产生的位置和形状变化所进行的测量。

闸坝变形观测值的大小及其发展趋势反映了闸坝的实际工作状态，较大的变形有可能预示着闸坝事故的出现，因此，对闸坝变形进行定期观测并及时分析观测资料是保证闸坝安全运行的重要工作。闸坝变形观测分为

外部和内部两个方面。

外部变形观测内容包括水平位移、垂直位移、裂缝和伸缩缝等。内部变形观测的特点是观测仪器和设备埋设在闸坝或地基的内部，用以测量闸坝内部的变形，观测项目有应变观测、分层沉降观测、倾斜观测。

◆三峡大坝

有趣的测来测去（下）

万花筒——闸坝变形测量的发展

1891 年，在德国的埃施巴赫重力坝上首先进行了变形观测。20 世纪 30 年代以后，在北美和欧洲的一些混凝土坝上进行了应变观测和垂线观测。苏联在 50 年代中期应用了引张线法观测重力坝的水平位移，高土石坝的内部变形观测在 60 年代得到发展和应用，70 年代后期，西班牙、意大利等国研制了变形观测自动化系统，实现了应用计算机进行在线大坝安全监控。这种系统正在发展和完善之中，是大坝变形观测的重要发展方向。

中国有系统的大坝变形观测自 20 世纪 50 年代初期开始，60 年代以来研制了一系列变形观测仪器，如差动式电阻应变观测仪器、光学垂线坐标仪、水管式倾斜仪等。70 年代

◆内部变形观测

以来遥测垂线坐标仪和引张线仪、高精度的光学视准仪及激光准直装置相继问世，使中国的闸坝变形观测达到新的水平。

建筑工程测量

建筑工程测量指的是建筑工程设计、施工阶段和竣工使用期间的测量工作。

设计阶段的测量主要是提供地形资料，供工业企业总平面图的设计使用，总平面图的设计分为初步设计和施工图设计两个阶段。初步设计常在 1：2000 比例尺的地形图上布置厂房和运输线路等的位置，施工图设计是在

◆房屋设计绘图

1：1000 或 1：500 比例尺的地形图上确定各建筑物的位置和尺寸。因此，在建筑工程设计以前，首先要测绘这种大比例尺的地形图。

建筑方格网是由正方形或矩形格网组成的工业建筑场地的施工控制网，为了便于建筑物的定位放线，方格网的边和主要建筑物的轴线平行，方格的大小视建筑物的大小而定，方格点常设在设计道路的交叉处。测设时，通常先在设计的方格点附近埋设临时点，用三角测量或导线测量等方法测算临时点的坐标值，然后在临时点上把设计方格点的平面位置在实地

◆简单的房屋建设需要测量后绘制施工图

有趣的测来测去（下）

◆没有工程测量，高楼大厦建设无法完成

测设出来，并埋设标石作为建筑场地的施工控制点，方格点的高程常用三四等水准测量施测。

在实地标定出设计的建筑物的平面位置和高程，建筑物平面位置的放样是从测量控制点或建筑方格点出发，按设计坐标在实地标定建筑物的主轴线，再由主轴线建立矩形控制网作为厂房的施工控制网，然后根据它放出建筑物的其他轴线，定出柱基中心位置，按柱基的设计尺寸用灰线标出基坑范围。对于小型建筑物也可以不建立矩形控制网，由主轴线按基础平面图在龙门板上定出墙中心线，划出墙边线和基础边线并放出基槽等开挖边线。这些工作也称为建筑物的"定位"或"放线"。建筑物高程的放样根据建筑场地中的水准点，用水准测量的方法进行，一般在龙门桩上测设出建筑物底层室内地坪的设计高程线，即±0标高线，建筑物各部分的标高通常都是相对于±0标高线，向上为正，向下为负。

竣工总平面图的实测和编绘主要是测定厂房角点、地上地下管线转折点、窨井中心和道路交叉点等重要细部点的坐标，以及下水道管底等的高程；测绘竣工现场的地形图，编绘竣工总平面图和分类图；编制细部点的坐标和高程明细表，以及各项竣工验收测量资料的整理工作。这些资料对于工程管理、维修和扩建都是重要的依据。

使用期间的测量主要是变形观测，即测定建筑物的平面位置和高程随时间变化的情况。变形观测一般分为沉降观测、位移观测、倾斜观测和裂缝观测等。根据历次观测的结果，经过整理分析获得建筑物的各种变形数据和变形规律，这对监视建筑物的安全和验证设计理论都有重要作用。

有趣的测来测去（下）

犁波耕浪　精测海疆

——海洋测绘

　　海洋测绘是一项基础性、超前性的工作，人类的一切海上活动都离不开海测保障。海洋测绘主要包括海道测量、海洋大地测量、海底地形测量、海洋专题测量，以及航海图、海底地形图、各种海洋专题图和海洋图集等的编制。

航海的安全保障
——海道测量

海道测量就是为保证航行安全而对海洋水体和水下地形进行测量和调查的工作，测量获得的水区的各种资料可用于编制航海图等，有些国家还把它和江河湖泊的测量统称为水道测量或航道测量。海洋上的测量工作是由海道测量开始的，现在已逐步发展到海洋大地测量、海底地形测量和许多海洋专题测量，然而，海道测量在所有海洋测量工作中仍占有重要地位。

◆近代南极圈航海图

海道测量

◆岸线地形测量为航海安全提供保障

海道测量包括：控制测量、岸线地形测量、扫海测量、水深测量、海洋水文观测、海洋底质探测、助航标志的测定以及海区资料的调查等。

控制测量是在国家等级的控制点（网）的基础上，加密测定较低级的平面和高程控制点（网）的工作，是岸线地形测量、水深测量及为其他测量提供平面控制和高程控制的基础。尚未建立国家等级控制点（网）的地区或小面积的工程测量和港湾测量亦

◆声呐扫描可以了解很多海底资料

◆海洋水文观测仪器——浮标系统

有趣的测来测去（下）

可建立独立控制网。

岸线地形测量是确定海岸线位置、海岸性质、沿海陆地地形、沿海陆地上的航行目标等要素，为编制航海图提供沿海陆地资料。

水深测量是海道测量的一项主要工作，它为船舶航行提供航道深度数据，并确定航行障碍物的深度、位置和性质等。

海洋底质探测是识别水底表层结构，为航船提供选择锚泊点的资料。底质对其他航行作业以及潜艇选择座底地点等都有重要意义。底质结构一般通过机械采泥器获取底质样品，或结合侧扫声呐、回声测深仪和海底表层剖面仪的回波记录，分析不同底质的平面和剖面分布而获知。

扫海测量是用机械扫海具或侧扫声呐，在一定的海区内进行面的探测。扫海的主要目的是为了查明有碍船舶航行安全的水下孤立凸出物，定深扫海可以为航船提供航道的安全航行深度。

海洋水文观测主要包括潮位、海水温度和盐度的测定，为深度归算和编制航海图书提供资料，海道测量的水文观测还要测定航道上的最大涨落潮流。

知识库——海有多深？海有多大？

据美国《生活科学》网站2010年5月19日报道，科学家利用卫星测量技术测得海洋的平均深度为3682.2米，总容积为13.32亿立方千米。

这组数据相比于此前科学家的多个估测值都要少，与其他海洋平均深度估算值相比，最新数据使海洋"浅"了21～51米，与最近一次海水体积估算相比，海水"减少"的体积大约相当于5个墨西哥湾或美国五大湖总水量的500倍。这一差距看似大得惊人，但考虑到海水总量巨大，差别其实只有0.3%。

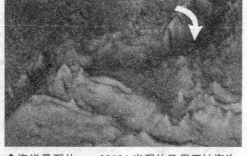
◆海洋最深处——11034米深的马里亚纳海沟

有趣的是，这个通过现代高科技手段获得的数值竟然只比若干世纪前的测量结果少1.2%，这从一个侧面反映了原始测量方法的高度精确性。

海道测量历史

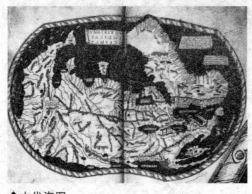
◆古代海图

海道测量历史的研究证明，海道测量始于航海事业。远古时代的人们就已经利用极简单的工具测制原始的海图。公元前4世纪，古希腊航海事业发展很快，古希腊学者亚里士多德在其著作中第一次记述了海的深度。后来，古希腊学者又测出了地中海的深度为3600米。在古罗马时期，航海业更加发达，公元前1世纪，古罗马人不仅测出了黑海的最大深度2700米，而且描述了黑海海岸的地形，这被认为是海道测量的萌芽。罗马帝国崩溃

有趣的测来测去（下）

后，封建割据的局面阻碍了航海的发展。直到13世纪，欧洲出现了《波托兰海图》，进而为航海的进步奠定了基础。十五六世纪航海探险空前发展。16世纪初，西班牙成立了监督海图制作的官方机构。麦哲伦环球航行时，在太平洋士阿莫立群岛进行了一次深海测深的试验，大规模航海探险促进了地理大发现，也促进了海道测量的发展。如17世纪末，俄国开始测量黑海海区，后又测量了波罗的海海区；18世纪，法国航海家库克曾测量过加拿大大西洋近海，后又测量加拿大太平洋沿岸。18世纪开始，欧洲资本主义发展迅速，对海外殖民地争夺愈演愈烈，海上交通越来越发达，一些发达的资本主义国家相继成立了海道测量机构，开始了系统的海道测量工作。现代海道测量是随着航海、军事和海洋开发事业的发展而有了更加迅速的发展。

广角镜——我国海道测量

◆郑和航海图（局部）

中国具有悠久的海道测量史，600年前，伟大的航海家郑和在七下西洋中绘制的20幅《郑和航海图》是我国第一部完整的航海图集，也是当时全球海道测量的巅峰之作。伴随着现代航运业和世界测绘科技的发展，我国海道测量技术发展迅速。

目前，海事测绘部门在全国沿海建立了20座卫星定位地面差分站，建立了全国沿海GPS控制网和潮位观测网，开发了中国海事地理信息系统。数据采集工作已由条线测量和天文定位跨越到了多波速测深声呐扫描和精确到分米级的卫星全球定位测量，采集的数据量也从每分钟少量数据跃升到可以同时对百万字节数据进行自动存储和处理，提供的海图从仅仅包括有限的直观信息到包括航行安全所需的实时、互动、综合信息的电子海图，这一切标志着我国海事测绘的综合能力已经步入世界先进行列。

扫　海

扫海是海道测量的内容之一，扫海的目的是查明海区航行障碍物的情况，并确定船只安全航行的深度。因此，扫海的科学名称应该是扫海测量，简称扫测。

海底地形一般来说要比陆地地形平坦一些，但是也存在浅滩、礁石等特殊地貌和沉船、沉雷、钻井遗留下来的钢

◆扫海测量

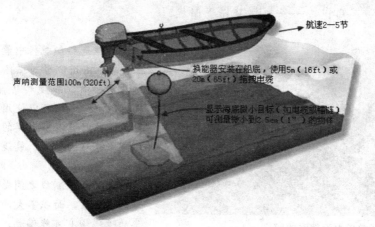

航速2—5节

换能器安装在船底，使用5m（16ft）或
20m（65ft）拖拽电缆

显示海底微小目标（如电缆或锚链）
可测量等小到2.5cm（1"）的物体

声呐测量范围100m（320ft）

◆侧扫声呐工作示意图

管等地物。这些障碍物在浅海尤其多，而且对船舶航行危险性特别大，海道测量是为航海安全制作航海图的。由于目前水深测量只是沿测线测取水深数据，测线间的这些障碍物很容易被遗漏，所以在多障碍物的航道区域通常需要扫海。

扫海的工具有机械式扫海具、侧扫声呐、多波束测深系统和海洋磁力

◆海洋磁力仪

仪。机械式扫海用具一般由绳、杆、浮子、沉锤等组成，它们由船拖着走，遇有障碍物会被挂住。这种方法和侧扫声呐一样，可探测出障碍物的概略位置，为测定其准确位置、最浅深度、性质和延伸范围，需进一步用测深仪加密探测或潜水员探摸，使用多波束测深系统可测得准确的资料，使用海洋磁力仪仅对铁质障碍物有效。

知识库——航海拦路虎暗礁

◆误闯暗礁群而搁浅的船只

暗礁是船舶航行中最危险的障碍物，海道测量时必须准确测定它的位置、深度和延伸范围。为了避免遗漏，可以使用加密测深，或辅以潜水员探摸的方法精确测出暗礁的位置、最浅水深和延伸范围。

比如由于测线之间是水深测量的空白区，面积不大的暗礁之类的障碍物有可能漏测，但是根据当地渔民的报告，或者根据旧资料推测某处可能存在暗礁，需要进一步探明；或者在使用回声测深仪测深时，测深线经过暗礁的某一部分，或在重要航道上经扫海测量证明某处有暗礁存在，但精确位置、深度和延伸范围尚未测出，都需要进一步探明。

利用多波束测深系统测海底地形时，因为是全覆盖测深，暗礁的位置、深度和延伸范围都可以在测深图上直接显示出来。

有趣的测来测去（下）

犁波耕浪　精测海疆——海洋测绘

广角镜——世界航海图发展史

早在古文化时期，生活在岛屿和海岸边的人们为了采集海藻、鱼类和贝类等作为食物，就利用简陋的舟船航行于海上，为了出航方便，当时的人就绘制了原始的航海图。到古希腊和古罗马时期又出现了许多表示海陆分布的地图。但航海图真正从地图中分离出来，则始于中世纪。13世纪，中国发明的指南针已传入欧洲，地中海沿岸国家航海业已比较发达。随着航海经验和资料的积累，以及航海业进一步发展的推动，出现了著名的《波托兰海图》。这种海图以表示海洋为主，海岸也表示的很详细，海域标示岛、礁、滩等地貌，还突出表示航海用的罗盘方位线。

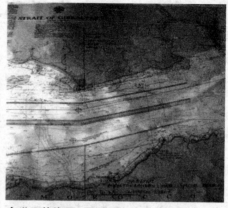

◆世界航海图（局部）

航海图发展较快的第二个阶段是地理大发现时期。航海探险使海洋的轮廓、岛屿分布逐渐明晰。16世纪初，航海图上开始用水深注记显示海底地貌，海域内容越来越丰富，形成了现代航海图的雏形。1569年，墨卡托编成世界地图，首次使用了墨卡托投影，奠定了现代航海图的数学基础。

西方资本主义兴起是现代航海图的快速发展时期，资本主义列强为寻找原料产地和市场，大肆推行殖民政策，航海业因此空前发展，欧洲各国相继成立

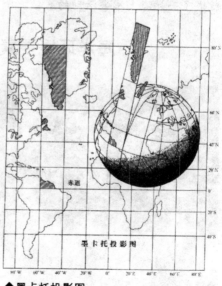

◆墨卡托投影图

了海道测量机构，纷纷测绘世界范围的航海图，为其殖民扩张服务。航海图内容越来越详细，直至1921年国际海道测量局成立，标志着航海图测绘进入现代阶段。

和平年代的"战备"
——海洋环境要素测量

所谓万丈高楼平地起，任何事情都得有个基础，战争这么复杂的活动就更是如此了。在一场战争中我们可以看到硝烟烈火、千军万马，感受战车、军舰、飞机呼啸向前，感叹将士们的英勇顽强和壮烈，很多人却不知道这一切需要更多的人默默完成那些不为人知的基础工作后才能出现，比如战场测量和准备。

海洋是海上战争的舞台，相关军事力量的部署以及决战决胜的较量都是在这个舞台上展开的。然而，海洋战场的各个环境要素（如海底地形地貌、海洋磁力、海洋重力等）对海军作战都有深远的影响，因此海洋测量就成了一切海上军事活动的基础。

海洋环境要素测量的重要性

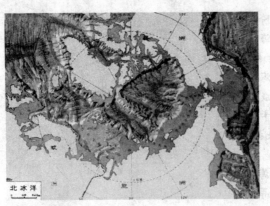

北冰洋

◆海底形貌非常复杂

海洋环境要素的测量是一项长期、艰苦的浩大工程，必须充分利用和平时期，提前部署、未雨绸缪。总的来讲，对海上军事行动有重要影响的海洋环境因素有四大类：海洋地质、海洋气象、海洋水文和海洋水声。

海洋地质的要素包括海底形貌、海洋重力和磁力，其中磁力测量是反潜战的关键因素，而海洋重力除对海上行动有影响外，还对远程弹道导弹、巡航导弹甚至卫星发射等的精确定位有重要影响。

海洋气象要素是相对比较好理解一些的，但新的气象科学要素，如海

犁波耕浪 精测海疆——海洋测绘

面不同高度的气象因素分布、海水皮温、少数离子等就是比较艰深的学问了。

海洋水文要素包括动态的潮汐、海流、海浪和静态的深度、盐的浓度、温度，其重要性是不言自明的。

海洋水声环境主要有声音传播速度以及不同深度下声速的分布、声音传播特性、海底反射特性、背景噪音和

◆基洛级潜艇

海洋混响等，这些因素是水下作战兵器包括潜艇、水雷、鱼雷等有效发挥作用的关键，基洛级潜艇被誉为"海洋黑洞"，就是因为它发出的噪音接近海洋背景噪音使其很难被探测的缘故。

因此，各军事强国的海洋测量船根据其国家"战略任务"的需要，平时会屡屡在一些有重要战略价值的敏感海区出没，对这些海区展开全方位的综合测量。

广角镜——海上争斗之海洋测量

◆海洋浮标

海洋测量也是战斗！因为各国除加强自己的海洋测量能力和活动外，也会利用一切机会和手段对潜在对手的海洋测量活动进行干扰和破坏。以日美为例，它们的海洋测量活动早已经延伸到我国的近海，其海洋测量船甚至多次发生与我国渔船相撞的事件，日本甚至还在其一般的远洋民用船舶和石油平台上安装自动测量设备，真可谓不遗余力。在中国南沙，东南亚的某些国

有趣的测来测去（下）

家常年坚持测量，积累了大量的我国海洋环境数据。它们在对我国进行侵略性测量的同时还对我国的测量活动进行干扰和破坏，甚至出动军舰和飞机。如20世纪80年代日本就曾对我国东海的测量浮标进行了毁灭性的破坏，一次破坏的程度就达到100％损毁！所以我们不仅要重视海洋测量，提高自己的测量能力、范围和技术水平，更要把海洋测量当做海上斗争甚至战斗的一种特殊形式，要主动采取措施阻断他国在我领海的测量，同时尽量将自己测量的"触角"伸向大洋。

海洋地质对海军作战的影响

◆战斧巡航导弹依靠"地形匹配"导航

海洋战场的地质环境要素主要包括海底地形地貌、海洋重力、海洋磁力等。

在现代战场上，"战斧"一类巡航导弹可以依靠"地形匹配"技术导航，在山坳中作超低空飞行，准确地打击敌人纵深的重要军事目标。"地形匹配"技术已经被移植到水下智能兵器上。现代潜艇、智能鱼雷依靠这种先进的制导技术，就可以利用海底复杂的地形地貌，成功地隐蔽自身，出其不意地攻击敌人。

科学家早在20世纪六七十年代就发现，海洋重力场对远程攻击武器的命中精度有很大影响。远程运载火箭的大部分飞行轨道是在海洋上空，尽管运载火箭应用了卫星制导、星光制导等先进的制导技术协助修正其运行轨道，但如果忽略了重力异常的影响，命中精度还是要大打折扣。科学研究指出，1毫伽（重力场强度单位）的垂线偏差，就会给远程打击武器造成1海里的命中误差。

在现代海洋战场中，磁力要素的运用更是海洋强国发展的热门。从20世纪70年代初始，美国海军就致力于国家领海的磁力测量，到90年代中期，基本完成了本国200海里以内的海洋磁力图，并通过精确的科学计算，将准确的磁力分布数据延拓到空中。美国海军大量使用速度快、搜索范围大的直升机，通过"磁力差分反潜技术"遂行快速反潜。反潜直升机巡逻

有趣的测来测去（下）

时，其尾部吊装光泵磁力仪，发现磁力分布异常后，就近飞两条正交的航线，立刻就可以测量出潜艇的位置、深度和吨位，随后经过敌我识别，确定为敌方目标后，反潜直升机随即发射反潜导弹。实践证明，看似平和的海洋环境要素，可以在高新技术的支持下建立起无形的防线，成为探察敌情、消灭敌人的有力武器。

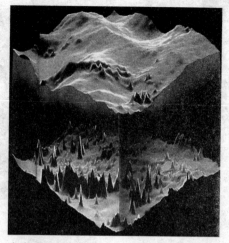

◆海底地形的高低决定了海洋重力的起伏

 为什么海洋重力有起伏？

　　人们总认为，风平浪静时海面是"水平"的，其实不然，海面永远是起伏不平的。海水面的起伏与洋底的地形相对应！这是因为海底的高低起伏本质上是反映了洋底固态物质质量的分布，在海底构成了不均衡的引力场。海山区质量较大，引力就大，其上方就聚集更多的海水，海面相对凸起；反之，凹陷区质量小、引力小，海面就下凹。

海洋气候对海军作战的影响

　　战场气象要素历来受到军事家的重视，海战时海上气象要素更显重要。海上气象除了人们熟悉的风、温、雨、浪之外，还有许多新的要素，例如，临近海面不同高度的风速、风向、气压、气温、相对湿度、海水皮温和少数离子等，在一定条件下会形成大气环境中的陷获、折射。这时，电磁波弯向地面的曲率会超过地球表面的曲率，电磁波将被限制在一定厚度的大气层内，在该层大气上下边界之间来回反射并向前传播，就像声波在金属导管中传播一样，这种传播现象称为大气波导传播，形成波导传播的大气层称为大气波导。大气波导可以使电磁波实现超视距传播，也会引

有趣的测来测去（下）

◆台风

起电磁盲区，导致雷达杂波。这些新的气象元素会对海军作战产生重大影响。

海洋水文对海军作战的影响

海洋水文要素主要包括温度、盐度、深度三大静态要素，以及海流、海浪、潮汐三大动态要素，它们是与舰艇关系最密切、影响最大的海洋要素。众所周知，温度是海水声速的决定因素，会影响声呐的作战效果；盐的浓度决定海水的密度，是潜艇下潜和定深航行的首要参数；深度是舰艇航行安全性的重要标志；海浪和海流时刻影响着舰艇的航迹；潮汐的变化决定着登陆和抗登陆的

◆多普勒海流剖面仪

成败。在现代海洋战争中，海洋水文要素的军事运用不仅停留在宏观效果上，而且发展到更精细、更准确的程度。

例如，核潜艇水下隐蔽航行范围大，可以潜航到全球海区，是各大国实施核反击战略的主力。战时卫星定位系统可能遭受打击而失效，核潜艇

有趣的测来测去(下)

主要依靠自身的惯性导航系统进行定位，这种方法的最大误差源就是海流作用于核潜艇产生的偏差，长距离的误差积累十分惊人，必须进行精确的海流改正。多普勒海流剖面仪以现代声学为基础，可以进行大范围、高精度的海流测量，一次发射就可以获取水深 1000 米以内的 128 层海流的数据，相对测量精度为 0.5％＋0.5 厘米/秒，完全能满足高精度科学计算的需要。掌握了大范围精确海流数据的核潜艇，就能够在海洋中远距离隐蔽航行，准确到达作战海域。

海洋水声对海军作战的影响

水声技术是水下一切军事活动的前导，它决定着探潜、反潜、潜艇隐蔽航行、水雷布放、鱼雷制导、扫雷、水声通讯、水声侦察、水声导航等军事活动的成败。主要的海洋声学作战环境要素有海洋声速分布特性、水声信号传播特性、海洋背景噪声、水声信号海底反射特性和海洋混响等等。

◆ "胜利" 级海洋声学环境监测船

为了充分发挥水下声学武器装备的战斗性能，各国海军积极部署海洋声学环境的调查。美国有 4 艘 "胜利" 级海洋声学环境监测船，日本有 2 艘 "响" 级海洋声学环境监测船，它们常年部署在太平洋和第一、二岛链海域进行水声作战环境测量。美国宣称，全世界有 600 多艘潜艇，凡是进出过太平洋海域的，在美、日的海洋声学环境监测船都有声学频谱特性的记录；一旦这些潜艇出现，美、日海军立即就可以判定出是哪个国家的哪一艘潜艇。俄罗斯的 "隐身" 潜艇曾震惊世界，据称其声学目标特性低于海洋背景噪声，反潜声呐基本上探测不到它。实际上，俄罗斯海军在分析研究了大量海洋背景噪声的基础上，针对声呐探测声波的特性，制造出一种制造 "消声瓦" 的新型材料，潜艇表面被这种 "消声瓦" 覆盖之后，就表现出和海洋背景环境一样的声学特性，使反潜声呐无法探测到。

有趣的测来测去（下）

海洋测量船
——海洋测量的必备工具

有
趣
的
测
来
测
去
（下）

海洋测量调查船是专门从事海洋调查研究的一种船舶，其研究范围主要有海洋气象学、水声学、海洋物理学、海洋化学、海洋生物学、海洋地质学、水文测量学、地球物理学等诸多学科，为海洋资源开发利用、海洋工程技术、海洋环境保护等提供参数和环境预

◆海洋测量船

报，同时也为军事行动特别是海军活动提供各种海洋信息。

海洋测量船发展简史

◆ "挑战者"号海洋调查船船员

19世纪后半叶，西方国家开始认识到海洋测量调查船的作用，并开始改装使用测量船。当时，英国是海洋军事强国，他们用军舰改建成了世界上第一艘海洋调查船"挑战者"号，并于1872年起进行了一项长达4年的环球海洋探测和科学调查，这期间获取了

大量宝贵的海洋资料。从此，海洋测量调查船不仅名闻遐迩，而且被各国海军纷纷仿效制造。

犁波耕浪　精测海疆——海洋测绘

第一次世界大战以后，海洋学研究开始由探索性航行调查转向特定海区的专门性调查。1925—1927 年德国"流星"号在南大西洋进行了 14 个断面的水文测量，1937—1938 年又在北大西洋进行了 7 个断面的补充观测，共获得 310 多个水文站点的观测资料。内容包括气象、生物、地质、水文等，并以观测精度高著称。这次调查的一项重大收获是探明了大西洋深层环流和水团结构的基本特征。此外，第一次使用回声测仪探测海底地形，经过 7 万多次海底探测，

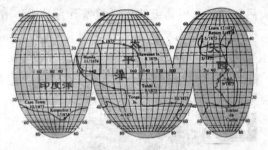

◆ "挑战者"号考察船的调查航线

◆ "流星"号测量船

结果发现海底也像陆地一样崎岖不平，从而改变了以往所谓"海底平坦"的认识。声波是一种机械振动波，在水中很难被吸收却能传播很远。假如声波从船上向海底发出，能很快被反射回来，船上的回声测深仪就可以"听到"回声。声音在水中的传播速度约每秒 1500 米，如果能测定发声与回声的时间差，计算出水深便是轻而易举的事。"流星"号轮船在航行过程中通过不间断地发声并接受回声，绘制出一条海底地形曲线，将大量等间距的海底地形曲线组合起来，通过计算处理就可以获得海底的立体图像。

随着现代科技的发展以及大洋作战、海上行动对武器装备性能要求的提高，海洋测量调查船的作用日渐凸显。

其实早期的海洋测量船多是由其他船舶改装而成的，随着海洋科学和海军装备技术的发展，特别是弹道导弹核潜艇作为战略武器的出现，海洋研究在海军装备研制及作战活动中的地位日趋显著，因此出现了专门的海洋测量船。这些测量船都有良好的航海性能和较大的续航力，船上设多个实验室，装备有先进的仪器设备、通信设备、导航定位系统以及多部仪器

有趣的测来测去（下）

吊放设备，更高级的船还配备有直升机、潜水器。

广角镜——"信天翁"号调查船

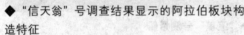

◆"信天翁"号调查结果显示的阿拉伯板块构造特征

1947—1948 年瑞典的"信天翁"号调查船进行了一次热带大洋调查。此次调查历时 15 个月，总航程达 13 万千米，在大西洋、印度洋、太平洋、地中海和红海共布设测点 403 个，重点在三大洋赤道无风带进行，主要是热带深海调查和深海底的地质采集。全部探测资料和沉积物岩芯样品经历了 10 多年的整理和计算分析，最后出版了《瑞典深海调查报告》10 卷 36 分册。这次调查被海洋学家誉为"近代海洋综合调查的典型"。

据统计，从 18 世纪到 20 世纪 50 年代止，全世界共进行了 300 次左右单船走航式的海洋调查。通过这一系列调查，人们获得了对世界大洋及一些主要海域的温度和盐浓度分布、大型水团属性及对海底地形的轮廓性认识。

有趣的测来测去（下）

种类多功能强
——海洋测量船家族

　　按照任务划分，海洋测量船主要包括海道测量船、海洋调查船、科学考察船、地质勘察船、航天测量船、海洋监视船、极地考察船等。

◆1874年服役的海道测量蒸汽帆船"布莱克"号

海道测量船

　　海道测量船是最传统的测量船，按测量工作范围可分为沿岸、近海、中远海测量船及航标测量船。沿岸测量船的作业范围在沿岸海域和航道，测量水深一般在100米以内，测量船吨位大都在100吨左右，它主要完成航道水深测量、排查水下障碍物等有关航行安全的作业。近海测量船的测量范

◆1905年服役的海道测量船"巴其"号

围在离海岸200海里以内，测量水深一般在1000米以内，船只吨位一般为600～2000吨，除水深测量外，它还可以完成海底地形地貌、海洋磁力和海洋重力测量。中远海测量船的测量范围是全球海域，测量水深超过

有趣的测来测去（下）

11000 米，吨位在 3000 吨以上，比较典型的是 5000 吨。中远海测量船的抗风能力为 12 级，续航力大于 12000 海里，自给力超过 60 天。它有足够的空间搭载海洋测绘、海洋气象、海洋水文、地球物理和其他特定任务的测量装备，能够在全球任何海域完成全要素的测量任务。

海洋调查船

现代的海洋调查船和海洋测量船的作业装备基本相同，只是海洋调查船的核心任务是海洋环境监测。它的调查测量系统布局与科学家的编制是按照海洋水文、海洋气象、海洋物理和其他海洋环境的测量要求进行设计的，它主要完成海洋水温、盐浓度、海流潮汐、

◆ "亚格拉斯"号海洋研究调查船

波浪、海洋气温、湿度、大气波导、风向、风速、红外等海洋环境以及海底底质、重力、磁力等海洋物理参数的测量。

科学考察船

◆美国海军"海斯"号科学考察船

科学考察船与海洋测量船和海洋调查船的功能布局基本相同，但是增加了海洋生物和科研专项实验室，具备更长的自给力，拥有海洋生物采集器等特殊科研装备。早期的科学考察船为追求操作空间，多选择双体船型。美国海军"海斯"号是其中的杰出代表。其标准

排水量 3420 吨，经济航速 15 节，续航力 7500 海里，自给力 20 天。

地质勘察船

地质勘察船与海洋测量船的功能布局基本相同。它的核心任务是海洋资源开发，测量对象是地球物理信息。地质勘察船通常具有很强的拖曳作业能力，主要是操作庞大的水下拖曳式探测系统，获取丰富的地质资源信息，同时具有深海海底表层底质取样和近海钻井取样的能力。

2004 年 7 月，日本开工制造满载排水量高达 57087 吨的"地球"号大型海洋测量调查船。该船全长 210 米，宽 38 米，吃水 9.2 米，采用电气推进，共安装有多部推进机器，包括首部 1 台 2550 千瓦和 2 台单台功率为 4100 千瓦的推进电机，舰尾 2 台单台功

◆日本"地球"号钻探船

有趣的测来测去（下）

率为 4100 千瓦的电机，航速达到 12 节，发电机容量 35000 千瓦，最大编制约 150 人。在这艘大型测量调查船上，除安装几座黄色的巨型吊车外，在舰体舯部还安装有一座灰蓝色的巨大钻井架，从吃水线到井架顶部高达 121 米，可在 2500 米的深海进行钻探考察，钻探深度达 7000 米，是目前世界上最大的海洋科学考察船。

航天测量船

◆俄罗斯"尤里·加加林"号航天测量船

航天测量船的主要任务是跟踪和遥测各种中远程导弹、卫星和飞船，精确测定其落点，回收弹头锥体、卫星仪器数据舱和飞船座舱等。航天测量船活动范围大，工作时间长，所以吨位要求比较大。目前世界上在航的航天测量船排水量基本上是 1～5 万吨级，续航力为 16000～20000 海里，自给力高达 90 天以上。航天测量船的显著特点是装载庞大的航天测量系统，直径数十米的对空搜索和遥测遥感雷达天线林立是航天测量船最明显的外部标志。导航、通讯、控制指挥等系统都集中了各专业的前沿技术，核心的遥感测量系统、信息处理分析系统更是应用了尖端技术。

当前世界上只有中、美、俄、法等国建造了航天测量船，其中美国先后有 23 艘，数量最多。但俄罗斯"尤里·加加林"号航天测量船规模最大，最负盛名。该船为常规船型，满载排水量 53500 吨，经济航速 18 节，续航力 20000 海里，自给力 210 天。该船定员 136 人（另有 212 名科学家），实验室 86 间，装备有探空雷达、卫星通信、稳定控制、导航定位和数据处理等八大系统。

海洋监视船

海洋监视船用于海洋声学环境监测，主要测量手段是拖曳声学线阵列。为了降低测量的背景噪声，海洋监视船采用电力推进，特殊情况下也采用蓄电池供电。海洋监视船的测量成果主要用于军事反潜、探潜和敌我目标识别。音响测量船就是重要的海洋监视船类型。潜艇的公认"克星"是水面反潜战舰和反潜机，音响测量船虽然不像前两者那样携带武器对潜艇实施攻击，但实际上它才是潜艇最大的"天敌"。音响测量船的主要使命是跟踪和监视潜艇活动，目前世界上只有美国和日本拥有这类船型。日本"响"级音响测量船于 1989 年 1 月批准建造，类似于美国海军 TAGOS—19 级海洋监视船，属冷战时代的产物。其建造初衷主要用于监听苏联海军太平洋舰队核动力潜艇在西北太平洋及日本海的活动，目前监听范围已扩大至周边多个国家，船上安装有 OPS—16 导航雷达、UQQ—2SURTASS 拖曳阵声呐系统及卫星通信系统等，还设有直升机平台，可搭一架直升机。搜集水下

◆日本"响"级音响测量船

◆美国海军 TAGOS—19 级海洋监视船

潜艇的音响情报是"响"级船的主要任务，完成这一任务的就是艇上配备的 UQQ—2 拖曳阵声呐系统。该型声呐系统由电缆拖曳在舰艇尾后的水中探测目标，主要用于侦听、测定潜艇辐射的噪声，进行远程监视、测向、识别和测距。

极地考察船

　　极地考察船是执行极地特定海域环境调查和科学研究的测量船，它具有抗御超低温恶劣环境和破冰作业的能力，强大的后勤补给系统能够支持极地考察的长期作业。极地考察船是具有破冰能力的综合测量船，随船搭载有极地考察和建站必需的工程机械、运输工具和各种支援设备。俄、美、加、日等国有极地考察船，其中俄罗斯的数量最多，日本的功能最

有趣的测来测去（下）

全。日本于 1982 年建成"白濑"号南极考察船，该船为单体破冰型，满载排水量 17600 吨，经济航速 15 节，续航力 20000 海里，自给力 38 天，乘员 230 人。船上设有海洋测绘、水声物理、水文气象、地质生物等多种学科的研究室，配有绞车和起重设备，可搭载 2 架运输机、1 架侦察机和 1000 吨极地建站用货。

◆ "白濑"号南极考察船

有趣的测来测去（下）

 万花筒——中国极地科考船"雪龙"号

◆ "雪龙"号科考船

我国第三代极地考察破冰船"雪龙"号于 1993 年从乌克兰进口。这条船是乌克兰赫尔松船厂造的，苏联解体后，乌克兰的经济实力大幅下滑，无力继续制造。中国以 1750 万美元低价购得，然后船厂按照中国的需求于 1993 年 3 月 25 日改造完工。

"雪龙"号总长 167.0 米，宽 22.6 米，型深 13.5 米，满载吃水 9.0 米，自重 10250 吨，满载排水量 21025 吨，最大航速 18 节，续航力 20000 海里，主机 13200 千瓦 1 台，副机 800 千瓦 3 台、载重量 10225 吨。"雪龙"船属 B1 级破冰船，它能以 1.5 节航速连续破冰 1.2 米厚的冰层（含 0.2 米雪）。"雪龙"号技术性能先进，属国际领先水平，也是我国进行极区科学考察的唯一一艘功能齐全的破冰船。

自 1994 年 10 月首航南极以来，"雪龙"号已先后 11 次赴南极、3 次赴北极执行科学考察与补给运输任务。北京时间 2010 年 8 月 6 日凌晨 4 时 29 分，"雪龙"号"轻松"打破了中国航海史最高纬度纪录——北纬 85°25′。

综合测量船

随着现代测量船、调查船和考察船的综合效益日益提高，它们之间的专业功能相互覆盖、差别越来越小，于是出现了综合测量船。美国海军 T－AGS60 系列测量船是当代最具代表性的综合测量船，1993—2000 年，美国海军相继建成下水 6 艘。该船采用常规船型，满载排水量 5300 吨，经济航速 16 节，续航

◆美国海军 T－AGS60 测量船

力 10000 海里，自给力 60 天。船上有总面积达 370 平方米的海道测量、水文气象、水声物理、海洋生物等实验室，配有 2 艘专业测量艇和 1 艘深海作业遥控潜水器。

有趣的测来测去（下）

中国的骄傲
——远望测量船队

远望测量船队是目前我国唯一一支航天远洋测量船队，该船队组建 20 多年来，海上测控成功率百分之百，航天远洋测控事业也实现从陆地测量到海上测量、从水上发射测量到水下发射测量、从国内卫星测量到国外卫星测量、从单一测量到能测能控、从卫星测控到飞船测控的五大历史性跨越。

◆四艘远望号测量船联袂出征

"远望一号" 测量船

◆"远望一号" 测量船

"远望一号" 是中国第一代综合性航天远洋测量船，它主要担负卫星、飞船、运载火箭等航天飞行器全程飞行试验的测量和控制任务。

"远望一号" 得名于毛泽东手书和叶剑英所作七律《远望》。该测量船由中船集团公司下属的 708 研究所开发和设计，江南造船（集团）公司制造，1977 年建成。该船长 191 米，宽 22.6 米，高 38 米，标准吃水 7.5 米，满载排水量

21157吨。"远望一号"测量船有9层甲板，400多个房间，相当于一座2万平方米的大楼。测量船最高航速20节，续航力100天，能前往南北极以外的任何海域执行任务。现在看这些已不算什么，但在当时，其设备技术完全与国际先进水平同步。它标志着我国成为继美、苏、法之后世界上第四个能够自主建造航天测量船的国家，它结束了在我国本土以外不能进行航天测量的历史。

"远望一号"主要承担中国运载火箭和各类航天器发射主动段、入轨段、运行段的跟踪、测量、控制和通信等任务，享有"海上科学城"的美誉。"远望一号"的建成使用标志着中国成为世界上第四个拥有航天远望测量船的国家，在中国航天事业发展史上具有重要的里程碑意义。

万花筒——"远望一号"退役

我国第一艘综合性航天远洋测量船"远望一号"在结束32年的海上征程后宣告退役，并于2010年10月22日"荣归故里"——被誉为"中国民族工业摇篮"的江南造船集团。

32年来，"远望一号"测量船先后44次远征大洋，安全航行2600多天、44万海里，圆满完成了远程运载火箭、气象卫星、

◆江南造船厂欢迎游子——"远望一号"归来

载人飞船等57次国家级重大科研试验任务，为我国航天事业的发展做出了重要贡献。

退役后的"远望一号"航天测量船入驻世博园江南造船厂原址保留的2号船坞，今后将作为爱国主义教育基地和文化事业胜地，在"后世博"的热土上续写中华民族工业的"江南传奇"。

"远望二号"测量船

"远望二号"测量船是"远望一号"的姊妹船，它也是我国第一代综

有趣的测来测去（下）

◆ "远望二号"测量船

合性航天远洋测量船。它主要承担中国航天飞行器的海上测量、控制、通信和打捞回收任务，是中国航天测控网的重要组成部分。它于1980年首次远航太平洋，填补了中国海上航天测控的空白，使中国航天测控网由陆地延伸到海上。

"远望二号"于1977年下水，船长192米，宽22.6米，高38.5米，满载排水量2.1万吨，最大行速20节，自持力100天。至2005年10月，"远望二号"测量船先后28次远涉重洋，安全航行40多万海里，相当于绕地球20圈，圆满完成了"亚洲一号"、"东方红三号"、"风云二号"、"烽火一号"等卫星和"神舟"号试验飞船的飞行试验等30多次重大海上测控任务，创下了中国航天远洋测控史上"六个之最"和"四个首次"的纪录。

万 花 筒

"远望二号"的"六个之最"与"四个首次"

"六个之最"包括执行任务型号最全、出海频率最高、海上连续测控时间最长、任务转换时间最短、停靠外港次数最多、总航程最长。

"四个首次"分别是首次承担国外卫星发射的海上测量任务，首次对卫星进行海上控制，首次成功使用"姿章联控"技术对卫星进行大调姿，首次停靠外港。

有趣的测来测去（下）

万花筒——"远望二号"与神舟飞船

"祖国和人民期盼着你的凯旋。""我一定圆满完成任务，向祖国和人民汇报。"2003年10月15日，中国首飞航天员杨利伟与时任中央军委副主席的曹刚川天地通话的这个瞬间传遍世界，而担负天地画音传输任务的正是"远望二号"航天远洋测量船。

2003年10月中旬，"神舟五号"一次次从"远望二号"上空飞过，从监测飞船太阳能帆板展开到发出指令引导飞船变轨，从保证航天员天地通话到完成各项

◆远望测量船测控卫星模拟图

测量、通信任务，"远望二号"在惊涛骇浪中出色完成了中国首次载人航天飞行中所承担的各项测控任务。

在五次"神舟"号飞船海上测控任务中，"远望二号"成功地测控了飞船运行段和留轨段，相当于完成了167颗卫星的测量任务。它设置状态数据数近万个，遥控发令1700多条，全部一次成功，圆满地完成了飞船跟踪测轨、遥控发令、数据注入、变轨控制、遥测参数接收处理、图像和话音传输等关键测控任务。

航天专家称，"远望二号"在中国载人航天工程中贡献巨大，尤其是在"神舟五号"任务中，该船第一圈完成太阳能帆板展开监测，第五圈完成飞船变轨，第六圈保证了航天员天地通话，在飞船正常运行、顺利返回过程中发挥了决定性作用。

"远望三号"测量船

在远望测量船序列中，"远望三号"设计合理，装备先进，设施完善，是我国第二代综合性航天远洋测控船。它主要担负卫星、飞船和其他航天器全程飞行试验的海上测量和控制任务。"远望三号"于1994年4月在上

有趣的测来测去（下）

海江南造船厂造成下水，船长180米，宽22.2米，最大高度37.8米，满载排水量1.7万吨，吃水深度8米，巡航速度18节，最大航速20节，续航能力1.8万海里。全船集中了20世纪90年代科学技术精华，汇集了我国当时船舶、机械、电子、通信、气象、计算机等方面的先进技术，其硬件设施达到了当时国际先进水平，荣膺"中国十大名船"称号。2006年，进行了中修技术改造的"远望三号"测量船，海上综合测控能力达到当今国际先进水平。

◆ "远望三号"测量船

万花筒——"远望三号"大事记

◆ "远望三号"全景

1995年5月18日，"远望三号"测量船正式投放使用，标志着我国海上航天测控事业走向成熟、迈向未来的又一个新的里程碑。

1995年11月，"远望三号"测量船实施"亚洲二号"卫星海上测控任务，首战告捷，在西安卫星测控中心向外商提供的8个数据中，该船提供了3个有效数据，得到了外商的高度评价。

1996年，"远望三号"测量船两度出征，两战两胜。

1997年，"远望三号"测量船六下太平洋，出色地完成了海上动态性能校飞以及"东方红三号"、"亚太二号R"、"铱星"等

5 次国内外卫星发射的海上测量任务，总航程近 4 万海里，相当于绕地球赤道两圈，在我国远洋航天测量史上创下了史无前例的纪录。

1998 年，"远望三号"又下大洋，一次出海 87 天，安全航行 1.65 万海里，出色地完成了两次卫星海上测量及新任务海域调查任务，首次跨入西半球，创下了单船海上测量时间最长、航程最远、屡战屡胜的新纪录。

1999 年 3 月 17 日，中央军委主席江泽民签署通令，给"远望三号"测量船记一等功。

"远望四号"测量船

"远望四号"测量船是 1998 年 8 月由原"向阳红 10 号"改建而成的航天远洋测控船。该船长 156.2 米，船宽 20.6 米，最大高度 39 米，满载排水量 12700 吨，吃水 7.5 米。船舶巡航速度 18 节，最大航速 20 节，海上自持力 100 天，续航力 18000 海里。船体采用 B 级冰区加强，任意一舱破损而不沉。"远望四号"测量船主要承担导弹、运载火箭、载人航天飞船等飞行试验的海上综合测控、通信任务，具有测控精度高、实时性强、全天候工作等优点。

◆ "远望四号"测量船

◆ "远望四号"的前身——"向阳红 10 号"

"远望四号"测量船是我国的第一艘远洋航天测量船，早于"远望一号"服役，不过当时叫做"向阳红 10 号"。该船于 1971 年 2 月开始研究设计，1975 年 7 月开工制造，1979 年 10 月交船。经过多次近海交船试验和远洋专业性扩大试验，证明该船的各种性能均达到或超过了技术任务书规定的设计指标，满

GANWU KEXUE DE
JINGQUE YU MEILI

感悟科学的精确与美丽

足了使用要求。该船荣获国防科工委 1979 年度重大科技成果总体设计一等奖。

"远望五号"测量船

◆ "远望五号" 测量船

◆ "远望五号" 交付使用

"远望五号"测量船用于航天测控，是我国具有国际先进水平的大型航天远洋测量船。"远望五号"测量船于2007年9月29日在江南造船厂正式交付中国卫星海上测控部使用。"远望五号"测量船集船舶建设、航海气象、机械、电子、通信、光学、计算机等领域最新技术于一身，由通用船舶平台和航天测控装备两大部分组成，分为船舶、测控、通信、气象4个系统。"远望五号"测量船的满载排水量为2.5万吨，抗风能力可达12级以上，能在南北纬60°以内的任何海域航行。

"远望五号"与原来的4艘测量船相比，设计更加先进、美观，设备配置更加合理，数字化、标准化、系列化和通用化程度明显提高。船内采用光纤构建综合信息高速传输平台，各大系统能够利用这个平台扩展业务功能，实现信息资源共享，并具备海上智能会诊、排除故障的能力。全船成功采用了减震降噪技术和变风量空调系统，同时在舱室布置上也更人性化，功能更齐全，大大提高了船员长期远洋生活的舒适性。

· 114 ·　　　《魔幻科学》系列

万花筒——"远望五号"内部设施

船员所居住的房间和星级酒店差不多，一般都是两张床的标间，也有一张大床的单间。船舱的每个房间里都有独立的卫生间，马桶也是真空马桶，每次使用仅消耗约半升水，大大减少了出海期间的淡水使用量。每个房间都配备有闭路电视系统，可以点播数千部电影和电视剧，收看三个以上的卫星频道。在船只的甲板中央还

◆舒适的卧室

有一个游泳池，用特定的海水泵设备实现海水引入与排出。船上不仅有一个配备了各种健身器材、总面积达到 100 平方米的健身房，还有篮球场以及羽毛球场。此外，位于船的中部还有一个多功能俱乐部，可同时容纳 150 余人；内部配备有先进的音响影视器材设备，既可以举办小型的晚会，也可以变成"海上电影院"。而电子阅览室、电脑房等基本设施也都一应俱全。

"远望五号"测量船的生活设施先进，能 24 小时供应热水，可以随时满足船员的淋浴需要。"远望五号"还有一个设施先进的冷库，可储存近百吨物资，足够全船 3 个月的给养。该船所拥有的电力可供一座 30 万人口城市的照明用电。船上各种管道纵横，连接起来长达 40 多千米。

"远望六号"测量船

"远望六号"是由我国自主设计研制的第二艘新一代航天远洋测量船，与"远望五号"构成了中国航天远洋测量船队新一代"姊妹船"，两者曾共同执行"神舟七号"载人飞行任务。"远望六号"2006 年 4 月开工建造，采用当今航天、航海气象、机械、电子、光学、通信、计算机等领域最新技术，满载排水量 2.5 万吨，抗风能力可达 12 级以上，可在南北纬 60°以内的任何海域航行。

有趣的测来测去（下）

GANWU KEXUE DE
JINGQUE YU MEILI
感悟科学的精确与美丽

广角镜——航天远洋测量"姊妹船"

◆ "远望六号"测量船

"远望五号"和"远望六号"测量船构成了中国航天远洋测量船队新一代"姊妹船"。它们的造成大大提高了我国应对未来高强度航天飞行试验任务的能力，为推动中国航天事业又好又快地发展发挥着重要的作用。"远望号"测量船队相继攻克了船摇稳定、海上标校、电磁兼容、航天器轨道确定和改进、航天器海上控制等一系列关键技术，成功地实现了海上测控事业的一系列重大跨越。海上综合试验能力从过去两三年执行一次任务，发展到现在一年执行数十次任务；执行任务的海域从太平洋扩展到三大洋；执行任务的能力从原来的单一测量发展到如今的能测能控。

万花筒——梦圆洲际导弹，海上测量建功

1964 年，中国第一颗原子弹在罗布泊爆炸成功。但从另一个意义上讲，有了原子弹没有运载工具，就好像"有弹无枪"，中国的战略防御能力始终没有进入实用阶段。20 世纪 60 年代后期，面对国外的核威慑，中国又朝着洲际导弹的研制进发。

我国的中、近程导弹试验一直都在幅员辽阔的国土上进行。随着导弹射程的增加，落点从西北移向华北，再到东北，而洲际导弹的射程是中远程导弹的 2～3 倍，陆地已不够用，只能向世界公海延伸。

在避开国际航道的荒海上开辟试验区，制造海上机动性强、测量跟踪和控制功能齐全、设备精良的远洋测量船，成为发射洲际导弹的前提。因为远洋测量船可以弥补陆地测控站作用距离不够的缺陷，填补陆地与海洋测量跟踪站之间的空白。

· 116 ·　　　　　　　　　《魔幻科学》系列

犁波耕浪　精测海疆——海洋测绘

20世纪70年代末，在全国24个省市，35个部委，上千家科研院所，数万研制人员的共同努力下，两艘综合性远洋测量船诞生了。远洋测量船的研制成功，使中国导弹发射的观测、控制从西北、华北延伸到了世界三大洋的任何一个海域。

1980年，中央军委下达了五六月间向南太平洋海域发射洲际导弹的命令。当时，中国划定的试验禁区范围成为国际社会瞩目的焦点——禁区范围越小说明导弹准确精度越高。苏联于1960年1月首次公开在太平洋进行远程火箭试验时，公布的试验禁区是500×300千米的矩形水域。我国科技人员经过充分调查论证，从理论上推导出准确的导弹试验区数学模型，确定以东经171°33′、南纬7°为中心，半径为130千米的圆形试验区，远小于美苏的试验范围，实现了钱学森"要争这口气"的愿望。

◆中国第一颗原子弹爆炸

1980年5月18日上午10时，第一枚洲际导弹顺利发射，并以超出音速20倍的速度向预定海域疾飞，"雷达、遥测、经纬仪发现目标。"大约半个小时后，远洋测量船传来激动人心的消息。不一会儿，一个亮点钻出云层，亮点越来越大，在距离海面还有几千米高度时，装有导弹飞行重要参数的数据舱自动从导弹头部射出，打开降落伞，徐徐飘落到洋面，荧光染色剂把湛蓝的海水染得翠绿。

各个环节立即忙碌起来，直升机迅速测出数据舱的坐标，早在附近待命的我导弹驱逐舰和一艘快艇立刻向数据舱落区开进，正在空中盘旋的准备打捞的直升机接到打捞船长的命令，掉转机头飞向落点，垂直悬停在离洋面30米的空中。

◆直升机在弹头掉落海域顺利回收导弹数据舱

钢索吊着海军潜水员徐徐下降，几下便抓住了数据舱，整个打捞过程只用了5分20秒。

就在数据舱被弹出的同时，火箭弹头发着极其耀眼的光芒，一头扎进海里。随即，海水像开了锅似的沸腾起来，水蒸气随着激起的近200米高、直径约30米的水柱一起升高，形成一个庞大的水蒸气雾团，壮观的景象像原子弹爆炸后形成的蘑菇云一般，8千米以外的一艘拖船被巨浪掀得倾斜近50度。

与此同时，4艘测量船向指挥部报告了落点，经计算，落点误差只有250米，远远低于导弹研制部门提出的两千米的误差指标。从我国西北边陲大漠起飞，到南太平洋孤海溅落，对飞行9000余千米的洲际导弹来说，这种射击精度相当于步枪击中千米之外的一个乒乓球，或用手枪击中百米之外的一只蚊子。

有趣的测来测去（下）

YOUQU DE
CELAI CEQU

不可不知的海洋磁力
——海洋磁力测量

海洋磁力测量是海洋地球物理调查方法之一。它是以海底岩层具有不同的磁性并产生大小不同的磁场为原理，在海上进行地球磁场测定，它对研究地磁场及其变化、海洋地质构造、矿产预测和国防建设都具有重要意义。

◆海洋磁力测量

有趣的测来测去（下）

海洋磁力测量的历史

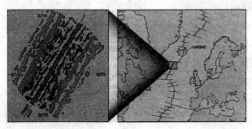

◆海底磁异常条带

20世纪初，海洋磁力测量是沿用陆地上的磁测仪器和方法在非磁性的木帆船上进行的，由于这种测量方法速度慢、精度低，没有得到大规模的应用。1956年制造出用于海上测量的质子旋进磁力仪，其精度高、传感器无需定向、测量方法简便，从而为海上磁测奠定了基础。从20世纪50年代末期以来，海上磁力测量蓬勃发展，目前航迹已遍布各大洋，尤其是在大陆架区域，为发现和圈定大型含油气盆地做出了重大贡献。在各大洋区所发现的条带状磁异常十分壮观，为海底扩张说提供了依据。

现在越来越多的国家都把海洋磁力测量作为海洋测量的重要内容，把海洋地磁图作为海洋区域的基本海图之一。

海洋磁力测量的意义

◆海洋磁力用于布设磁性水雷

海洋磁力测量具有广泛的应用领域。

首先，对磁异常的分析有助于阐明区域地质特征，如断裂带展布、火山岩体的位置等，磁力测量的详细成果可用于编制海底地质图。世界各大洋的磁异常都呈条带状分布于大洋中脊两侧，由此可以研究大洋盆地的形成和演化历史，也是研究海底扩张和板块构造的重要资料。

其次，磁力测量是寻找铁磁性矿物的重要手段。

再次，在海道测量中，可用于扫测沉船等铁质的航行障碍物，探测海底管道和电缆等。

最后，在军事上，海洋地磁资料可用于布设磁性水雷，对潜艇惯性导航系统进行校正。

海洋磁力测量的方法

海洋磁力测量可分为路线测量和面积测量。大洋中，多采用宽间距的路线测量和小范围的面积测量，以查明条带状磁异常的展布方向和磁性海山的磁场特征；在大陆架区石油普查中，为查明区域构造和局部构造的特征，采用面积测量。

为消除船体感应磁场和固定磁场对传感器的影响，除加长拖曳电缆外通常还会进行方位测量，测量值经日变改正后，得出方位曲线，提供船磁改正之用。

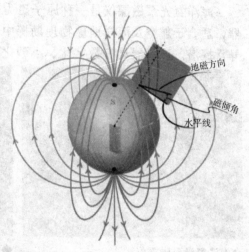

地磁方向

磁倾角

水平线

◆磁倾角

由于不同纬度地区的磁倾角不同，同一条船在不同纬度地区的方位曲线也不相同，因此，应尽量采用与测区纬度相近地区所做的方位曲线。

地磁日变观测站应选设在平静磁场区，日变的基线值采取海上工作前某一天的静磁日24小时平均值，根据观测值做出日变曲线，供日变改正之用。

知识窗

磁倾角

磁倾角是地球表面磁场与地平线所成的夹角。一般来说，北半球的磁倾角为正，南半球的磁倾角为负。将磁倾角为零的地方连起来，此线称为磁倾赤道，与地球赤道比较接近。

有趣的测来测去（下）

海洋磁力测量仪器

　　海洋氦光泵磁探仪是一种原子磁力仪，它是一种高精度磁异常探测器，适合于航空及海洋地球物理勘探中高精度磁测量，也可用于航空磁异常探潜。该仪器具有数字化、小型化、模块化和系统集成的特点。用

◆海洋氦光泵磁探仪

◆质子旋进磁力仪

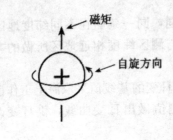

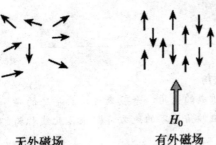

无外磁场　　　　　　有外磁场
◆质子自旋产生的磁矩及在外磁场作用下的取向

光泵技术制成的高灵敏度磁探仪，具有无零点漂移、不需严格定向、对周围磁场梯度要求不高、可连续测量等显著优点，广泛用于航空及海洋地球物理勘探、航空探潜及探雷等。

　　质子旋进磁力仪是利用氢质子磁矩在地磁场中自由旋进的原理来测量地磁场总向量的绝对值。水、煤油、酒精等都含有不停"自旋"的氢质子，并产生一个"自旋"磁矩，称质子磁矩。这些质子在没有外磁场作用时，其指向毫无规则，宏观磁矩为零。当含氢液体处在地磁场中，经过一段时间，磁矩的方

向就趋于地磁场的方向。如果加一个垂直于地磁场 T 的强人工磁场 H_0，则可迫使质子磁矩趋于 H_0 的方向。当人工磁场突然消失，质子磁矩受地磁场的作用，将逐渐回到 T 的方向上去。因为每个质子具有"自旋"磁矩，同时受地磁场 T 的作用，就产生了质子磁矩绕地磁场 T 的旋进现象，即所谓质子旋进。旋进的圆频率 ω 与地磁场总强度的绝对值 T 成正比，即旋进的频率越高地磁场越强，因此，地磁场的测量可以转化为旋进频率的测量。在电路中采用放大、倍频和控制电子门开启时间的方法，可将测量结果直接以伽马示出。

◆地磁日变观测站

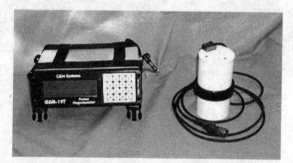

◆海洋质子磁力梯度仪

有趣的测来测去（下）

　　由于不同岩性岩石之间的电导率存在差异，致使大地电磁场在海陆和不同岩石之间的边界发生畸变。这种畸变是一种不规则的磁扰，因地而异，尤其是在海沟和岛弧地区更为明显，这种现象称之为海岸效应。由于大气受太阳辐射的影响，引起电离层的变化，致使磁场发生短周期的变化，这种现象称为日变。

　　为了消除海岸效应和日变的影响，在海洋质子旋进磁力仪的基础上制造了海洋质子磁力梯度仪，它的基本结构是由两台高精度的同步质子旋进磁力仪、微分计算器、双笔记录器和由同轴电缆拖曳船后两个一前一后的传感器组成，传感器间的距离大于 100 米。磁扰动场的影响，可由两个相同传感器获得的总磁场强度差值中消除，实际上得到的是总磁场强度的水

平梯度值，然后对水平梯度值进行积分，得到消除了日变和海岸效应的总磁场强度值。这样，用海洋质子磁力梯度仪进行大洋磁测就无须再设置日变观测站，即可消除日变和海岸效应的影响，因而比质子磁力仪更适合于海上测量。

有趣的测来测去（下）

YOUQU DE
CELAI CEQU

深邃的蓝色
——海洋底部测量

海洋的深度可以用回声探测仪来探测。回声探测仪是利用声音在海底反射来测量海洋深度的，就好像我们在山谷中听到的回声一样。在探测某个海域海底深度的时候，首先要用回声探测仪向海底发出超声波。人的耳朵是听不到这种超声波的。超声波发出以后，到达海底就会反射回来，回声探测仪接收到讯号后，计算出超声波从发出到接收所用的时间，根据超声波在海水中的传播速度，就能计算出海底的深度了。

◆海底地形

海洋深度测量的历史

◆海浪之中的海测兵

大家知道，古代测深主要使用杆子（俗称测深杆）或系有重物的绳子（俗称水铊），测深杆最多只能测 5 米，用水铊最多也只能测 50 米，而且效率低、劳动强度大，精度也不高。

1520 年，著名的航海家麦哲伦曾经尝试着在远海探测海的深度，他们在仅有的一条 800 米长的绳子一端拴好一个重锤，然后把绳子全部放到海里，但重锤还

有趣的测来测去（下）

◆ "挑战者号"考察船

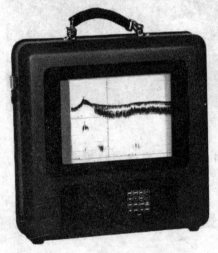

◆回声测深仪

有趣的测来测去（下）

是没有接触海底。麦哲伦用重锤测量海洋深度的尝试实际上没有成功，即使用更长的绳子也不行，因为绳子太长了，绳子本身的重量就会增加，一旦绳子的重量超过重锤的重量，人就无法感觉到重锤是否到达海底，自然也就无法测量出海洋的深度了。

1872—1876年，英国"挑战者号"考察船首次进行了全球海洋科学调查。它的总航程12.75万千米，但绳索测深点只有492个。到20世纪初，累积的测深点达1.8万个。虽然得知大洋平均深度约为4千米，但却误认为洋底十分平坦而单调。

随着科学技术的进步，现在人们在陆地上采用光和无线电波来测量距离，用这些技术来测量海底的深度行不行呢？答案是：不行！由于水的透明度太差，光照到海面上，大部分被反射，少部分被吸收，海面下200米深的地方几乎就是一片漆黑。海水又是电的良导体，它能吸收电磁波，所以，用雷达之类的工具来测量海底深度也无济于事。

随着航海事业的发展，需测深的范围逐步向深海发展，为此，人们开始寻求测深的新方法。早在19世纪初，科学家们已测得海水中的平均声速为1500米/秒；20世纪初，人们发明了用高频声波探测潜艇的方法。这种方法后来引用到海洋测深中，即现代的回声测深方法。

回声测深仪就是根据超声波能在均匀介质中匀速直线传播，遇不同界面产生反射的原理设计而成的。在船底安装声波发射装置和接收装置，船底到海底的深度就可以根据超声波在水中的传播速度和超声波信号发射出去到接收回来的时间间隔计算出来。

根据测深区域的深度，现代测深仪可以选择浅海测深仪（最浅可以测0.5米水深）和深海测深仪（最深可测万米以上），万米以上的海沟就是用深海测深仪测得的。

你知道吗？

当前已知全球海洋最深点——太平洋马里亚纳海沟深达 11034 米，就是用回声测深方法测出来的。

水下导航系统——声呐

声波是观察和测量的重要手段，有趣的是，英文"Sonar"一词作为名词是"声"的意思，作为动词则有"探测"的意思，可见声音与探测关系之紧密。

比起其他的手段，声波在水中进行观察和测量具有得天独厚条件，这是由于其他探测手段都有一定的局限性。光在水中的穿透能力很有限，即使在最清澈的海水中，人们也只能看到十几米到几十米内的物体。同时，电磁波在水中衰减很快，而且波长越短损失越大，即使用大功率的低频电磁波也只能传播几十米。然而，声波在水中传播的衰减就小得多，在深海中爆炸一颗几千克的炸弹，在数万米外也可以收到信号，低频的声波还可以穿透海底几千米的地层，并且得到地层中的信息。在水中进行测量和观察，至今还没有发现比声波更有效的手段。

声呐技术至今已有近百年的历史，它是 1906 年由英国海军的刘易斯·尼克森发明的。

◆声呐原理

有趣的测来测去（下）

尼克森发明的第一部声呐仪是一种被动式的聆听装置，主要用来侦测冰山。这种技术到第一次世界大战时被应用到战场上，用来侦测潜藏在水底的潜水艇。

目前，声呐是各国海军进行水下监视时使用的主要技术，用于对水下目标进行探测、分类、定位和跟踪，进行水下通信和导航，保障舰艇、反潜飞机和反潜直升机的战术机动和水中武器的使用。此外，声呐技术还广泛用于水雷引信、鱼雷制导，以及海洋石油勘探、鱼群探测、船舶导航、水下作业、水文测量和海底地质地貌的勘测等，和许多科学技术的发展一样，社会的需要和科技的进步促进了声呐技术的发展。

你知道吗？

声呐就是利用水中声波对水下目标进行探测、定位和通信的电子技术，是水声学中应用最广泛、最重要的一种技术。它是 sonar 一词的"义音两顾"的译称，sonar 是 sound navigationand ranging（声音导航测距）的缩写。

小知识——声影区

◆拖曳式高性能水下阵列声呐

海洋声影区是海中声线弯曲所造成的一种现象。在海洋中，由于声速梯度的存在，声波传播发生折射，造成声传播距离内的某些区域声线不能到达，这些声线不能到达的区域就称做声影区。理论上，声影区内声强为零，但实际上声能因声波的衍射作用以及由于声散射和随机反射仍能部分进入。声影区在海中目标探测方面具有重要的意义，因为它处于声呐影区的物标是

有趣的测来测去（下）

不容易为声呐发现的。

声呐系统的安装

潜艇安装声呐系统的主要位置是在最前端的位置。由于现代潜艇非常依赖被动声呐的探测效果，巨大的收音装置不仅仅让潜艇的直径日渐变大，而且鱼雷管也得乖乖让出艇首位置而退到两旁去。

其他安装在潜艇上的声呐形态还包括安装在艇身其他位置的被动声呐听音装置。利用

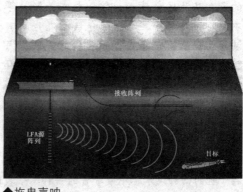

◆拖曳声呐

不同位置收到的同一讯号，经过电脑处理和运算之后，就可以迅速地进行粗浅的定位。这对于艇身较大的潜艇来说比较有利，因为测量的基线较长，准确度较高。

另外一种声呐以缆线与潜艇连接，声呐的本体则远远地拖在潜艇的后面进行探测，称为"拖曳声呐"。拖曳声呐的使用大幅度地强化了潜艇对全方位与不同深度的侦测能力，尤其是潜艇的尾端。这是因为潜艇的尾端同时也是动力输出的部分。由于水流声音的干扰，位于前方的声呐无法听到这个区域的讯号而形成一个盲区，使用拖曳声呐之后就能够消除这个盲区，找出躲在这个区域的目标。

知识库——动物的声呐系统

声呐并非人类的专利，不少动物都有它们自己的"声呐"系统。海豚和鲸等海洋哺乳动物则拥有"水下声呐"系统，它们能产生一种十分精密的信号探寻食物和相互通信。

海豚声呐系统的灵敏度很高，能发现几米以外直径 0.2mm 的金属丝和直径

有趣的测来测去（下）

1mm 的尼龙绳，能发现几百米外的鱼群，能遮住眼睛在插满竹竿的水池中灵活迅速地穿行而不会碰到竹竿。海豚声呐系统的"目标识别"能力很强，它不但能识别不同的鱼类以及区分黄铜、铝、电木、塑料等不同的物质材料，还能区分自己发声的回波和人们录下它的声音而重放的声波。海豚声呐的抗干扰能力也是惊人的，如果有噪声干扰，它会提高叫声的强度盖过噪声，以使自己的判断不受影响。海豚的声呐系统还具有感情表达能力。已经证实海豚是一种有"语言"的动物，它们的"交谈"正是通过其声呐系统。其中最卓越的是仅

◆海豚拥有天然声呐系统

存于世的四种淡水豚中最珍贵的一种——我国长江中下游的白鳍豚，它的声呐系统分工明确，有的起定位作用，有的起通信作用，有的起报警作用。白鳍豚的声呐系统还有通过调频来调制位相的特殊功能。

许多鲸类也是用声来探测和通信的，只是它们使用的频率比海豚的低得多，作用距离也远得多。其他海洋哺乳动物，如海豹、海狮等也都会发射出声呐信号进行探测。终生在极度黑暗的大洋深处生活的动物只能采用声呐等手段来搜寻猎物和防避攻击，它们的声呐系统的性能是人类现代技术远不能及的。解开这些动物声呐系统之谜一直是现代声呐技术的重要研究课题。

海底观测系统

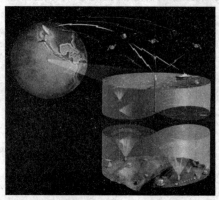

21世纪以来，世界各国纷纷努力将观察点布置到深海海底，计划建立起一个全球海底观测系统，又称"超级海底计划"。人们将设在海底和埋在钻井中的监测仪进行联网，通过光纤网络向各个观测点供应能量和收集信息，从而可以通过连续自动观测来了解海底的长期动态变化。它能在陆地上操纵，实时监测

◆海底观测系统模式图

地震、海啸、海底喷发、滑坡和军事入侵等突发事件。这为人类深入了解复杂的地球系统提供了一种全新的研究途径。

海洋卫星遥感

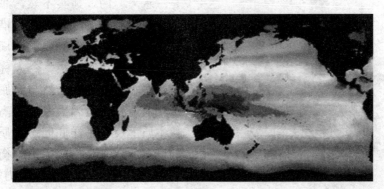

◆全球最暖的海域——西太平洋暖池

长期来，因为海水单调、均一，很难利用卫星来探测它的隐秘。自 1978 年以来，人类发射了一系列符合特殊需求的海洋卫星。它们高居几百千米之上，具有非常广阔的视野；它们配备了各种专门用途的遥感器，可提供全天候、全覆盖的海况资料，包括海温、海风、海浪、海潮、海流和海冰等信息，极大地提高了海况预报的准确率。我国留美学者严晓海利用 1982—1991 年的卫星遥感资料，编绘出全球海

◆1978 年美国发射的首颗海洋卫星

水温度分布图，首次确定了全球最热的海域，即"西太平洋暖池"。

卫星重力测高

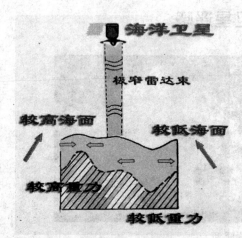

◆卫星测高技术绘制海底地形

人们总认为在风平浪静时海面是"水平"的，其实不然，海面永远是起伏不平的。海洋卫星借助技术先进的雷达可以测出海平面的起伏，精度可达厘米级。令人称奇的是，海水面的起伏居然与洋底的地形相对应！这是因为海底的高低起伏本质上反映了洋底固态物质质量的分布，在海底构成了不均衡的引力场。海山区质量较大，引力就大，趋于将海水拉向自己，其上方就聚集更多的海水，海面相对凸起；反之，凹陷区质量小、引力小，海面就下凹。因此，只要测出海面的起伏，就能透过海水"看"到海底，这就是"卫星测高技术"。

有趣的测来测去（下）

化物为图　化形为数

——地图绘制

　　传统概念上的地图是按照一定法则，用规定的符号和颜色，把地球表面的自然和社会现象有选择地缩绘在平面图纸上。传统的地图有普通地图、专题地图、各种比例尺地形图、影像地图、立体地图等。现代地图有缩微地图、数字地图、电子地图、全息相片等新品种。地图测制精度和成图数量质量是衡量一个国家测绘科学技术发展水平的重要标志之一。

　　地图自产生之日起即有特殊功能，古人称之为"集千里于纤毫之处"。人眼直接所及毕竟有限，将地面缩小绘成图，就可以对大环境一目了然，这就是地图的特殊功能。

YOUQU DE
CELAI CEQU

形形色色的地图
——古老的地图

　　你相信木块经雕刻后可以变为地图吗？你相信路边不起眼的泥块曾经是指引古人行进的重要工具吗？经过考古学家的挖掘，古老的地图得以重见天日，揭开了神秘的面纱。

古巴比伦泥块地图

　　目前已被发现的最古老的地图是巴比伦地图。这张地图与其说是一"张"，不如说是一"块"，因为它是刻画在泥块上的，距今大概有四五千年的历史。考古学家推测，当时的人是先在湿软的泥块表面刻画上图像，再将它放在太阳下晒烤，硬化之后就成为泥块图。这张泥块图上描绘的是巴比伦附近的一个城市，上面刻画着山脉、河谷及部落。考古学者也发现了不同比例尺的泥块图，上面分别记载了街道、土地产权、城镇位置，乃至涵盖整个巴比伦地区的泥块图。另外，科学家也发现这些地图是以十二进制的方式来记录数字，跟我们目前所使用的十进制系统不同。

马绍尔群岛树枝地图

　　马绍尔群岛是位于太平洋中央的一群岛屿。考古学家发现，在这些小岛上有一种由树枝和贝壳编织成的特殊图案，原来这是一张张地图。这些地图中每一个贝壳是用来表示附近海域的一个岛屿，枝条则是用来代表岛屿附近的风浪形态。这些太平洋上的岛民们为了航海探险的需要，就地取材，以贝壳和椰子树树叶的梗条编织成地图，将各个岛屿及其间的风浪方向记录下来。这

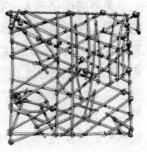

◆树枝地图

有趣的测来测去（下）

种地图是岛民维持生存的重要工具，如果他们错失了方向或距离，可能就丧失捕捞的机会，也可能迷失方向而永远回不了家。

爱斯基摩木块地图

◆木块地图

爱斯基摩人生活在北极地区。早期的爱斯基摩人利用河流中的漂木，刻画出许多大小形状各不相同的小木块，并且将木块漆上不同的颜色，而后再安置到海狮皮上，用来表示岛屿、湖泊、沼泽、潮汐和滩地等。在19世纪末期发现的爱斯基摩木块地图中，爱斯基摩人已经用铅笔来画地图，虽然不是通过精密的测量仪器绘制的，但是地图上的河流曲折形态和数量却非常准确，这可能意味着河川的数量和复杂程度是爱斯基摩人非常关心的自然现象。这些地图上的距离不甚精确，因为它们的长短和实际地面的距离并没有一定的比例。科学家后来发现地图上的距离是依照步行所需的时间来绘制的，这种距离其实是依据通行的困难程度所衍生的时间距离。

印第安壁画地图

美洲的印第安人也有一些具有特殊风格的地图。在印第安人绘制的地图上，地形资料出现的数量和类别比较少，准确度也不高，他们对于河流、山脉等自然环境的描述并不很重视，和爱斯基摩人的地图有明显的差异。但是，在另一方面，他们的地图含有极强烈的图画性质，其中记录了他们族群的生活史。这种地图事实上反映了印第安人对

◆印第安壁画地图

YOUQU DE
CELAI CEQU

于历史事件和社会事件的关心。

知识库——最古老的地图

　　考古学家不久前在西班牙一个洞穴中发现了据称是西欧最古老的地图。该地图被镌刻在一块手掌大的石头上，年代距今约 1 万 3 千多年，作者很可能是远古的马格达伦游猎族群。《人类进化》杂志于 2009 年公布了由西班牙科学家拍摄的这幅远古地图的照片。

　　据领导这支考古队的萨拉戈萨大学学者皮拉·乌特里亚称，他们是在 1994 年发现这块石头的，之后耗费了 15 年时间来解读石头上混乱的花纹。结果发现，地图上有山峰、河流、池塘和灌木丛，而且图上还能看到动物形象，例如驯鹿、牡鹿和山羊等，所有这些图标都围绕着洞穴周边一带展开。

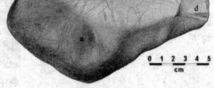

◆石头上的狩猎地图

　　许多考古学家猜测，地图很可能是为了一次即将展开的狩猎而刻制的，也可能是为了纪念一次重大的狩猎活动。

　　不过也有考古学家不同意他们的解释，大英博物馆史前部研究员吉尔·库克表示，把这块石头解释成地图是一个大胆的假设，"也许那个时代的狩猎者根本就不需要地图呢"？

有趣的测来测去（下）

球面变平面
——地图的绘制

地形图能准确反映地球的表面形态和面貌，不论是地形起伏变化的山区，还是河流、湖塘、水网密集的水乡平原，图上各种各样的地貌和地物符号都准确地反映了地面的实际情况，它们是怎样测绘出来的呢？

◆中国地形图

有趣的测来测去（下）

绘制地图

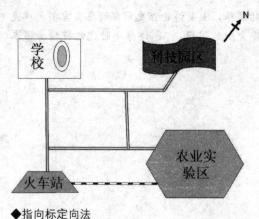
◆指向标定向法

绘制地图首先要确定每个点位的三个基本要素：方位、距离和高程，同时它们需有相同的参考系，因此这三个基本要素还必须有起始方向、坐标原点和高程零点作依据。

用一张固定在图板上的白纸测绘地形图时，一开始先要对图板定向，这可以根据事先测量的大地控制点作为起始方

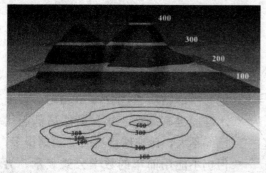

◆等高线

向来定向，在简易测图中，也可用指北针来定向。图板定向后，就要确定测图点在图纸上的位置，对于纳入国家统一的基本地形图的测绘，是有统一规范的坐标展点要求的。但对于小面积局部地区测绘，可以假设独立的平面直角坐标系原点，即可着手按测方位和距离两要素的方式，测定地面上其他任何点的平面坐标位置。至于点的高程，由于国家高程系统已在全国各地布设了很多统一高程基准的水准点可供利用，一般均可用水准测量方法连测到测图区，因此在测图时采用视距三角高程测量的方法就可以同时测定出任何一点的点位和高程。

我们知道，地面上任何地貌和地物的描绘都可以用其变换点所组成的线条反映出来。地貌可以用等高线反映其高低和形态变化；房屋、道路、河流等均可用其变换特征点所构成的线条表示出来；不少特殊的地貌和地物还可以以专门的图例符号来表示。因此，测绘地形图的工作实际上就是测定并表示地面上所有地貌和地物的特征点。

随着测绘科学技术的发展和进步，现代地形图的大量艰巨的测绘工作也已由传统的野外白纸测图转向航空摄影测绘和航天遥感测绘，并已逐渐迈向全数字化、自动化测图。

地图的基本原理

地球是一个自然表面极其复杂与不规则的椭球体，而绘图是在平面上描述各种地理现象的过程，如何建立地球表面与地图平面的对应关系？为解决这一问题，人们引入大地体的概念。大地体是由大地水准面包围而

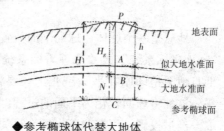

地表面

似大地水准面

大地水准面

参考椭球面

◆参考椭球体代替大地体

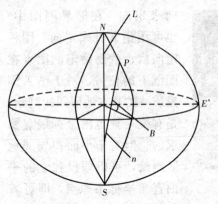

◆大地坐标系

成，大地水准面是假定在重力作用下海水面静止时的平均水面，并设想此面穿过大陆与岛屿，连续扩展形成处处与铅垂线成正交的闭合曲面。由于地壳内部物质密度分布不均匀，大地水准面也有高低起伏。虽然高低起伏已经不大，比地球自然表面规则得多，但仍不能用简单的数学公式表示。为了测量成果的计算和制图的需要，人们选用了一个同大地体相近的、可以用数学方法来表达的旋转椭球体来代替，简称地球椭球体。它是一个规则的曲面，是测量和制图的基础。地球自然表面点位坐标系的确定包括两个方面的内容：一是地面点在地球椭球体面上的投影位置，采用大地坐标系；二是地面点至大地水准面上的垂直距离，采用高程系。

讲解——大地坐标系

　　大地坐标系是大地测量中以参考椭球面为基准面建立起来的坐标系，地面点的位置用大地经度、大地纬度和大地高度表示，大地坐标系的确立包括选择一个椭球、对椭球进行定位和确定大地起算数据。一个形状、大小和定位、定向都已确定的地球椭球叫参考椭球，参考椭球一旦确定，则标志着大地坐标系已经建立。

地图投影

　　地球是一个球体，球面上的位置是以经纬度来表示的，我们把它称为"球面坐标系统"或"地理坐标系统"。在球面上计算角度距离十分麻烦，而且地图是印刷在平面纸张上，要将球面上的物体画到纸上，就必须展平，这种将球面转化为平面的过程，称为"投影"。
　　经过投影，可把球面坐标换算为平面直角坐标，便于印刷与计算角度

YOUQU DE
CELAI CEQU

与距离。由于球面无法百分之百展为平面而不变形，所以除了地球仪外，所有地图都有某些程度的变形，有些可保持方位不变，有些可保持面积不变，视其用途而定。

目前国际间普遍采用的一种投影方法是横轴墨卡托投影，

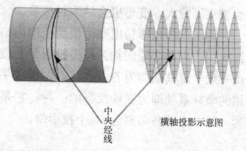

中央经线

横轴投影示意图

◆横轴墨卡托投影

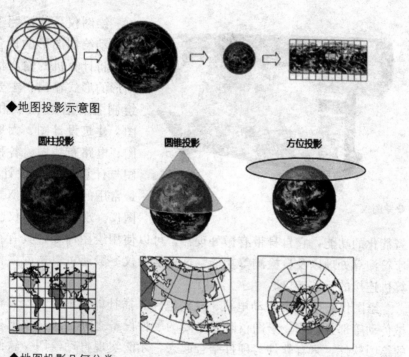

◆地图投影示意图

圆柱投影　　　圆锥投影　　　方位投影

◆地图投影几何分类

有趣的测来测去（下）

又称为高斯－克吕格投影，它可以在小范围内保持形状不变，对于各种应用较为方便。我们可以想象成一个圆柱体横躺，套在地球外面，再将地表投影到这个圆柱上，然后将圆柱体展开成平面。圆柱与地球沿南北经线方向相切，我们将这条切线称为"中央经线"。在中央经线上，投影面与地球完全密合，因此图形没有变形，由中央经线往东西两侧延伸，地表图形会被逐渐放大，变形也会越来越严重。

　　为了保持投影精度在可接受范围内，每次只能取中央经线两侧附近地区来用，因此必须切割为许多投影带。就像将地球沿南北子午线方向切西瓜一般，将其切割为若干带状，再展成平面。目前世界各国军用地图所采用的坐标系统即为横轴投影的一种，它是将地球沿子午线方向每隔 6°切割为一带，全球共切割为 60 个投影带。

绘图仪

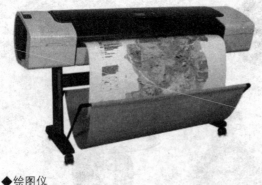

◆绘图仪

　　绘图仪是能按照人的要求自动绘制图形的设备，它可以将计算机的输出信息以图形的形式输出，主要用来绘制各种管理图表和统计图、建筑设计图、大地测量图、电路布线图、各种机械图与计算机辅助设计图等。最常用的绘图仪是 X—Y 绘图仪。现代的绘图仪已具有智能化的功能，它自身带有微处理器，可以使用绘图命令，具有直线和字符演算处理以及自检测等功能，这种绘图仪一般还可以选配多种与计算机连接的标准接口。

　　绘图仪一般是由驱动电机、控制电路、插补器、笔架、绘图台、机械传动等部分组成。绘图仪除了必要的硬件设备之外，还必须配备丰富的绘图软件。只有软件与硬件结合起来，才能实现自动绘图。软件包括基本软件和应用软件两种。绘图仪的种类很多，按结构和工作原理可以分为平台式和滚筒式两大类：平台式绘图仪的平台上装有横梁，笔架装在横梁上，绘图纸固定在平台上。平台式绘图仪的 X 向步进电机驱动横梁连同笔架做 X 方向运动；Y 向步进电机驱动笔架沿着横梁导轨做 Y 方向运动。而滚筒式绘图仪的 X 向步进电机通过传动机构驱动滚筒转动时，链轮就带动图纸移动，从而实现 X 方向运动；Y 方向的运动是由 Y

有趣的测来测去（下）

向步进电机驱动笔架来实现的。滚筒绘图仪结构紧凑，绘图幅面大，但它需要使用两侧有链孔的专用绘图纸。

小知识——指引红军过草地的地图

北京红军公园有一册简陋的地图引人关注，这就是红军长征过草地时测绘人员草绘的《草地设营地图》。该地图简陋得不能再简陋了：没有比例尺，没有地名标注，没有道路指示。但正是这册简陋的地图，为红四方面军总司令部直属部队近万人顺利通过草地指明了道路。

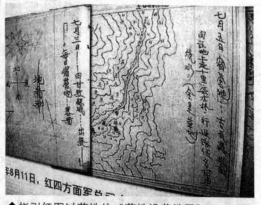

◆指引红军过草地的"草地设营地图"

这册地图是红军测绘人员自1936年7月3日至8月11日从四川甘孜县城出发后边走边绘制的。展出的7月5日宿营地"吉瓦沟"，只是一片弯弯曲曲的手绘曲线（等高线），表示草地地形起伏。地图上唯一可辨别的是吉瓦沟水流，适合设营的地点则用一个下面带两三个小点的小圆圈表示。地图上唯一一句提示的文字是"自该地上走十里无术（树）林，行进队伍多带柴烧水"，绘图人员可能觉得说明不清楚，又在"无术林"前加上了"全是草地"几个字。这句简单的话语却是红军战士用生命代价换来的宝贵指示。

如此简陋的地图在当时却是弥足珍贵的。茫茫草地动辄吞没红军指战员的生命，先头部队绘制了这样的地图并依次传给后面的人马，才保证了这支近万人的部队以最小的代价通过草地。一张简陋的、不起眼的地图竟能起到如此重要的作用，我们不由地感慨军事测绘对部队行动的重要性。

地图与国家版图

地图是国家版图的缩影，是国家版图的主要表现形式。地图最直观地反映了一个国家的领土范围，地图对建立国家版图意识起着重要作用，因

有趣的测来测去（下）

此，加强地图管理、提高国家版图意识是爱国主义教育的重要内容。

有着5000多年悠久历史的中华民族繁衍生息在这片山川秀丽的祖国大地上，这些都可以通过地图生动形象地表达和呈现出来。所以说，地图是国家版图的缩影，是国家版图的主要表现形式，它最直观地反映了一个国家的领土范围。

地图与国界

有趣的测来测去（下）

◆清朝和越南的国界碑

国家的边界也叫国界，它是一国领土与邻国的地理分界线。边界线以内就是一个国家神圣不可侵犯的领土。在地图上，边界线是一条弯弯曲曲的线条，但是在实地并不是这样的。一个国家的领土是主权国管辖的全部疆域，不仅包括陆地、水域，还包括其底土和上空。所以说，国家的边界其实是以地表边界线为基准向上、向下作垂直面而构成的，好比一座看不见的高墙。因此，边界是一个垂直于地表的封闭面，而不是一条线，这个面向上到很高很高的天空，向下到很深很深的地壳。

边界的形成也是一个漫长的历史过程。古代社会，由于科学技术水平的限制，国家间领土的争夺主要是地表，而对于空中和底土没有足够的认识，当时的边界也就只是一条线。随着航空工业的发展，领空主权问题随之而来。随着工业的快速发展，工业生产所需

◆中俄国界东段界桩

化物为图　化形为数——地图绘制

资源日益为各国所重视，而工业所需资源大部分蕴藏于底土，有的还在海底，在开发底土的过程中，就出现了底土主权的问题。因此，在领空和底土问题出现后，国际上也相应提出了一些保护措施，并以国际法的形式确定下来。比如飞机和轮船，特别是军用飞机和军舰不能随便进入别国领空和领海，潜艇在水下也不能进入别国领海，当然也不能在别国领海内的海底开发石油和开采矿藏等。这样，边界自然就成为一个向上、向下延伸的垂直面了。

◆民国时期台湾省地图

知识库——台湾是中国领土的一部分

◆古代台湾地图

台湾省位于我国东南沿海，西隔台湾海峡与福建省相望，南隔巴士海峡与菲律宾相望，东临太平洋，东北邻琉球群岛。台湾省由台湾岛、澎湖列岛、兰屿、绿岛（火烧岛）、彭佳屿、钓鱼岛、赤尾屿等80多个岛屿及其周围海域组成。台湾全省陆地面积约3.6万平方千米，其中台湾岛面积超过3.5万平方千米，是我国第一大岛，全省人口约2300万。

台湾海峡呈东北—西南走向，沟通东海和南海，最窄处约130千米，是中国海上交通要道，我国约有3/4的海上航线从这里经过。台湾海峡也是国际海上交通要道，是世界上最繁忙的"海上生命线"

有趣的测来测去（下）

之一。

16世纪初，台湾曾相继遭受西班牙、葡萄牙等列强的侵扰，1624年沦为荷兰的殖民地。1662年郑成功将荷兰殖民者驱逐出台湾，结束了荷兰人的殖民统治。1683年，清康熙帝统一台湾，结束了海峡两岸对峙的局面。1888年3月3日，台湾首任巡抚刘铭传正式上任，台湾继新疆之后建省，成为清朝第20个行省。

有趣的测来测去（下）

电子屏幕显示的地图
——数字地图

通常我们所看到的地图是以纸张、布或其他可见真实大小的物体为载体的，地图内容是绘制或印制在这些实物载体上。而数字地图是存储在计算机的硬盘、软盘或磁带等介质上的，地图内容是通过数字来表示的，需要通过专用的计算机软件对这些数字进行显示、读取、检索、分析。数字地图上可以表示的信息量远大于普通地图。

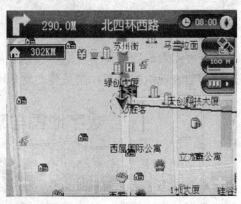

◆数字地图

数字地图

◆数字地图导航

数字地图是纸制地图的数字存在和数字表现形式，它是以地图数据库为基础，以数字形式存储在计算机外储存器上，可以在电子屏幕上显示的地图。

数字地图可以非常方便地对普通地图的内容进行任意形式的要素组合、拼接，形成新的地图，可以对数字地图进行任意比例尺、任意范围的绘图输出。它

有趣的测来测去（下）

◆数字高程模型

易于修改，可以极大地缩短成图时间，也可以很方便地与卫星影像、航空照片等其他信息源结合，生成新的图种。

此外，我们还可以利用数字地图记录的信息派生出新的数据，如地图上等高线表示地貌形态，但非专业人员很难看懂。利用数字地图的等高线和高程点可以生成数字高程模型，将地表起伏以数字形式表现出来，可以直观立体地表现地貌形态，这是普通地形图不可能达到的表现效果。

数字地图与现代战争

有趣的测来测去（下）

数字地图是高技术测绘产品，具有动态显示、信息量大和便于数据处理、修改、补充更新等特点，在现代战争中具有重要的意义。

数字地图是指挥自动化系统的一个重要支撑。现代战争战场广阔，武器装备先进，战场情况瞬息万变，要争取战争胜利，必须实施集中统一、高效灵敏的指挥，以提高部队的快速反应能力。20世纪90年代

◆数字地图可让作战指挥更方便快速

以来，美、俄、英、法、德、日等发达国家争相研制各自的指挥自动化系统，使作战指挥、控制、通信、情报融为一体。数字地图以及由此而派生的其他高技术测绘产品，如地理分析系统、电子沙盘等，都是军队指挥自动化系统的重要组成部分，有了数字地图等高技术测绘产品，指挥员再也不必去翻阅一大堆地图就能指挥部队作战。指挥员只要坐在荧

化物为图　化形为数——地图绘制

光屏前观察屏幕上显示的电子地图，就可以开窗放大分析研究某一部分，并实现自动标绘军标，制订作战计划；也可以在屏幕上观察战局的变化，实现距离、面积、角度及高程等的自动量测计算，实现实时指挥，真正实现"运筹帷幄，决胜千里"。

数字地图是精确制导武器的"眼睛"。精确制导武器是现代高技术战争的"杀手锏"，它具有射程远、速度快、精度高等特点。海湾战争中，美军发射了战斧巡航导弹200多枚，至少有90％命中目标。精确制导武器之所以能高精度命中目标，关键就在于数字地图。

在惯性导航系统中，地图仅为导弹发射提供点位坐标等初始导向参数，其导航精度主要取决于初始对准误差、陀螺和加速度计机械误差、重力场匹配模型误差以及坐标系的系统误差等。为了提高导航精度，不仅要限制各个误差的范围，而且在导弹飞行中必须随时测定或

◆战斧巡航导弹利用地形匹配导航

推算出不断变化着的位置误差的速率，利用地形传感或数字地形匹配制导技术是最有效的途径之一。正是采用了这一最新的制导技术，精确制导武器才大大提高了打击精度。

数字地图是部队机动的向导。数字地图可与全球定位系统结合使用，实现快速定位。在未来高技术战争中，部队必须快速定位，才能保证高速机动和大范围的协调，在飞机、坦克、汽车、军舰上安装电子地图并与卫星定位系统联网，即可随时确定其位置，并在电子地图上显示出来，进而分析、选择前进路线及打击目标等。单兵携带和利用微型电子地图，在炮火弥漫的战场可以准确地分析地形、判明方向，保持与上级的联系。

广角镜——数字地图与作战训练模拟

◆利用数字地图进行作战训练模拟

过去军事指挥员进行作战模拟一般是利用地图、沙盘等传统工具。随着高技术武器的运用，要求在很短的时间内完成大量数据周密细致的计算，分析各种因素对作战进程的影响，预测各种作战方案实施的后果，传统的方法已不能满足其要求，必须借助于电子计算机系统和作战模型对作战对抗的全部或部分过程进行仿真实验才能选出最佳方案，使战略、战役、战术决策更加具有科学性。利用数字地图和虚拟现实技术在计算机上可以生成一个身临其境的地理环境，在这样的环境中，作战训练效果更佳，指挥员和参谋人员能得到更多的锻炼和提高。这是一种适应数字化战场需要的全新的数字地图的应用形式，是 21 世纪各兵种作战和训练的工具。

谷歌地球

谷歌地球（Google Earth，GE）是一款谷歌（Google）公司开发的虚拟地球仪软件，它把卫星照片、航空照相和 GIS 布置在一个地球的三维模型上。谷歌地球于 2005 年向全球推出，被《PC 世界杂志》评为 2005 年全球 100 种最佳新产品之一。用户们可以通过一个下载到自己电脑上的客户端软件，免费浏览全球各地的高清晰度卫星图片。

◆谷歌地球

化物为图 化形为数——地图绘制

谷歌地球可让您前往世界上任何地方，通过查看卫星图像、地图、地形、3D建筑物等，我们可以探索丰富的地理内容。谷歌公司在谷歌地球的最新版本中新增了三大激动人心的功能，它们分别是：全球各地的历史影像、海洋专家提供的海底和海平面数据、具有音频和视频录制功能的简化游览功能。在谷歌地球中可进一步标注地标并录制不限形式的旅程，只需打开游览功能，按下录制按钮，就可以看到整个世界，甚至可以添加背景音乐或画外音，使旅程更具个性。谷歌地球整合了谷歌的本地搜索以及驾车指南两项服务，能够鸟瞰世界，在虚拟世界中如同一只雄鹰在大峡谷中自由飞翔。

谷歌地球采用的3D地图定位技术能够把谷歌地图上的最新卫星图片推向一个新水平，用户可以在3D地图上搜索特定区域，

◆谷歌地球中测量埃菲尔铁塔的宽度

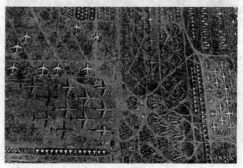

◆谷歌地球查到的美国戴维斯—蒙森空军基地的废旧飞机

有趣的测来测去(下)

放大、缩小虚拟图片，然后形成行车指南。此外，谷歌公司还在精心制作了一个特别选项——鸟瞰旅途，让驾车人士的活力油然而生。谷歌地球主要通过访问Keyhole公司的航天和卫星图片扩展数据库来实现这些功能。该数据库含有美国宇航局提供的大量地形数据，未来还将覆盖更多的地形，涉及田园、荒地等。

谷歌地球中免费供个人使用的功能主要有：1. 结合卫星图片、地图，以及强大的谷歌搜索技术，全球地理信息就在眼前；2. 从太空漫游到邻居一瞥；3. 目的地输入，直接放大；4. 搜索学校、公园、餐馆、酒店等目

标地；5. 获取驾车指南；6. 提供 3D 地形和建筑物，其浏览视角支持倾斜或旋转；7. 保存和共享搜索和收藏夹；8. 添加自己的注释；9. 可以自己驾驶飞机飞行。

谷歌地图

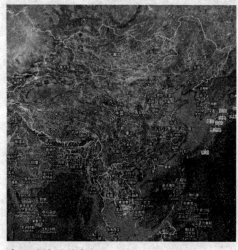

◆谷歌地图看中国

谷歌地图（Google Maps）是谷歌公司提供的电子地图服务，包括局部详细的卫星照片，是谷歌地球的姊妹产品。它能提供三种视图：一是矢量地图，即传统地图，可以提供政区和交通以及商业信息；二是不同分辨率的卫星照片（俯视图，与谷歌地球上的卫星照片基本一样）；三是地形视图，可以用以显示地形和等高线。

有趣的测来测去（下）

稳坐中军　神通莫测

——现代测绘技术

现代测绘技术向着高科技和数字化方向发展，其中 3S 技术是现代测绘技术的代表。3S 是全球卫星定位系统（GPS）、地理信息系统（GIS）和遥感（RS）的合称。这些技术有哪些神通，接下来将为大家逐一介绍。

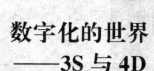

YOUQU DE
CELAI CEQU

数字化的世界
——3S 与 4D

地球上一切事件都发生在一定的空间，人类社会经济活动所需要的信息绝大部分都与地理位置相关，而且人类活动不断延伸，要求越来越高，于是精确掌握地理信息显得越来越重要。由空间技术和其他相关技术，如计算机、信息、通讯等技术发展起来的 3S 技术（GPS、GIS、RS）在测绘学中的应用不断拓宽和深化，使测绘学从理论到手段都发生了根本的变化。数字地球是利

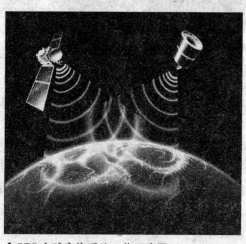

◆GPS全球定位系统工作示意图

用海量地理信息（即地球空间数据）对地球所做的多分辨率、三维的数字化描述的整体信息模型，便于人类最大限度地实现信息资源的共享和合理使用，为人类认识、改造和保护地球提供一种新的手段。

有趣的测来测去（下）

3S 技术

3S 是全球定位系统（GPS）、地理信息系统（GIS）和遥感（RS）的简称。

全球定位系统（Global Positioning System）简称 GPS，是由 24 颗人造卫星和地面站组成的全球无线导航与定位系统。它主要包括空间部分——GPS 卫星，地面控制部分——地面监控系统，用户设备部分——GPS 信号接收机三部分。

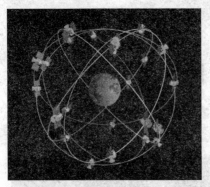

◆全球定位系统由24颗卫星组成

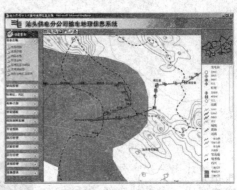

◆GIS在电力公司输电中的应用

地理信息系统（Geograhpic Information system）简称 GIS，在我国又称为资源与环境信息系统。它是利用计算机存贮、处理地理信息的一种技术与工具。该系统是一种在计算机软、硬件支持下，把各种资源信息和环境参数按空间分布或地理坐标，以一定格式和分类编码输入、处理、存贮、输出，以满足应用需要的人机交互信息系统。

遥感（Remote Sense）简称 RS，是采用卫星、雷达等航天观测技术对地球表面进行连续观测并经过一系列分析处理获得地表况特征信息的一种新技术。

4D 产品

◆数字高程模型

通过一系列地理信息系统分析处理得到的数字线划地图（DLG）、数字正射影像图（DOM）、数字高程模型（DEM）和数字地形模型（DTM）等信息产品，简称 4D。

随着测绘技术和计算机技术的结合与不断发展，地图不再局限于以往的模式。现代数字地图主要由 DOM（数字正射影像图）、DEM（数字高程模型）、DRG（数字栅

有趣的测来测去（下）

格地图）、DLG（数字线划地图）以及复合模式组成。

　　DOM：利用航空相片、遥感影像，经像元纠正，按图幅范围裁切生成的影像数据。它的信息丰富直观，具有良好的可判读性和可量测性，从中可以直接提取自然地理和社会经济信息。

◆数字正射影像

　　DEM：数字高程模型是以高程表达地面起伏形态的数字集合。它可以制作透视图、断面图，进行工程土石方计算、表面覆盖面积统计，用于与高程有关的地貌形态分析、通视条件分析、洪水淹没区分析等。

　　DRG：数字栅格地图是纸制地形图的栅格形式的数字化。它可以作为背景与其他空间信息相关，用于数据采集、评价与更新，可与DOM、DEM集成派生出新的可视信息。

　　DLG：现有地形图上基础地理要素分层存储的矢量数据集。数字线划图既包括空间信息也包括与属性信息，可用于建设规划、资源管理、投

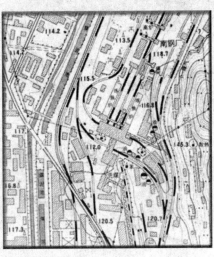

◆数字栅格地图

资环境分析等各个方面以及作为人口、环境、资源、交通、治安等各专业信息系统的空间定位基础。

3S 和环境保护

　　运用3S技术可以监测水蚀、风蚀等多种类型的土壤侵蚀区的侵蚀面积、数量和强度发展的动态变化。除此之外，还能应用于水资源实时动态监测和科学管理。

有趣的测来测去（下）

GANWU KEXUE DE
JINGQUE YU MEILI

感悟科学的精确与美丽

◆中国水污染地图首页

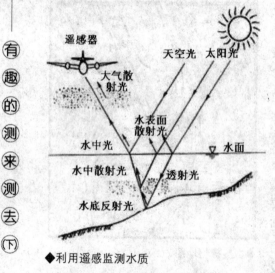

◆利用遥感监测水质

有趣的测来测去（下）

水资源实时动态监测在水利信息化中非常重要，因为只有掌握瞬时变化的供水和需水等有关信息，才能科学、准确地进行水资源的配置及调度，也只有掌握瞬时变化的水质信息，才能对环境质量进行动态评价和有效监督，才有可能应对水污染突发事件，而监测的内容既包括水量和水质等水资源信息，也包括与水资源配置有关的用水信息。

运用 GIS 对水质信息进行管理，可以合理地选择出那些能代表具体流域或地区水质总体状况的站点，以便进行水质水量连续自动实时的监测、水量调度以及水污染控制。不同的水污染类型（主要包括水体富营养化、石油污染、泥沙污染、废水污染、热污染和固体漂浮物污染等）的反射率等存在差异，这些差异将在遥感影像中呈现出不同的特征，结合 GIS 的空间数据和 GPS 的定位数据进行遥感影像分析处理，可以快速获取水污染的类型、地点及其污染范围。

3S 与防灾减灾

3S 技术可用于灾前预测、灾中监测和灾后评估。利用 3S 技术建立 GIS 灾情数据库，根据历史灾害数据（如水位等）和灾情背景数据建立灾情预测、监测和评估数学模型。在 GIS 的各种专题数据库和灾情预测、监测和评估数学模型等的支持下，结合水情、雨情和其他信息，能实现汛前

YOUQU DE
CELAI CEQU

预测、灾情实时监测和灾情评估等。1998 年长江发生特大洪水时，3S 技术在灾情监测与评估方面就发挥了重要作用，它不仅为抗洪抢险的正确决策提供了宝贵的及时的信息，而且为地方政府的迁安救护提供科学、具体的意见，还为防洪决策提供了快速调度预案。同时结合遥感实时监测的灾情情况和 GPS 定位信息，也能提高防洪调度指挥的效率和准确性。

◆数字防洪系统

目前洪水预报的难点在于对流域汇流规律的认识和把握上，通过卫星获取高质量的影像，配合遥感、地理信息系统、全球定位系统平台，就可以弄清流域内下垫面条件，及时掌握其不断变化的新情况。根据洪水预报结果，可以对骨干防洪水库在计算机上进行多方案模拟调度运用，从中选择最优方案，科学地确定各水库对某种洪水的防洪运用次序及蓄洪量在各水库之间的分配，以充分发挥中游水库的防洪作用。

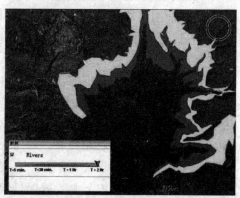

◆利用 3S 技术进行淹没分析

对于洪水演进，可以利用现代化技术手段，在二维数字化地形图上叠加各种水文要素、经济

◆洪水演进，实时动态展现洪水变化过程

社会及生态信息，借助数字高程模型和遥感影像图形成三维可视化模型，进行三维量测和分析模拟，有了这样的洪水演进系统，下游滩区什么时间

有趣的测来测去（下）

洪水演进到什么地方？哪个地方先淹，哪个地方后淹？哪段堤防临水，哪段堤防不临水等与防汛有关的重要信息都可以非常直观地反映在计算机上。根据洪水演进结果，可以对下游滩区做出详细的人员撤退方案或采取其他有效的避险措施，可以对某一座或若干座可能出现险情的控导工程、堤段提前做好料物、人员、机械设备等抢险准备，真正变被动防洪为主动防洪，从而大大降低下游滩区的洪水损失及防洪工程出险的几率。

3S 与精确农业

精确农业是现代农业发展的必然产物，它与现代测绘技术的发展密不可分。目前国内外的发展趋势是集成化、自动化、智能化，RS 技术获取实时信息，实行快速数据更新，利用 GIS 技术建立背景本底数据库，GPS 技术实施空间定位，完成田间作业，从而实现农业信息的历史与实时、空间与地面、点与面的有机结合。

20 世纪 90 年代以来，随着 GPS、RS、GIS、农业应用电子技术和作物栽培有关模拟模型、农业专家系统以及决策支持系统技术的发展，精确农业已成为合理利用农业资源、提高农作物产量、降低生产成本、改善生态环境的一种重要的现代农业生产方式。近 20 年来，基于信息技术支持的作物科学、土壤学、农艺学、植保科学、资源环境科学和智能化农业装备与田间信息采集技术、农业工程技术、系统优化决策支持技术等，在现代测绘技术支持下组装集成起来，形成和完善了一个新的精确农业技术体系。

精确农业技术思想的核心是获取农田小区作物产量和影响作物生产的环境因素如土壤结构、地形、含水量、植物营养、病虫草害等实际存在的空间和时间差异性信息，分析影响小区产量差异的原因，采取技术上可行、经济上有效的调控措施，改变传统的农业大面积、大群体平均投入的资源浪费型做法。

精确农业的技术体系包括四个方面：一是随时间、空间的变化数据采集技术；二是根据数据绘制电子地图，进行加工、处理，形成管理设计或作业执行电子地图的计算机制图技术；三是精确控制田间作业的智能分析管理系统和变量投入技术；四是对精确农业的农业效果、经济效益进行评

有趣的测来测去（下）

YOUQU DE
CELAI CEQU

估的专家决策支持系统。

　　精确农业技术过程为：带定位系统和产量传感器的联合收获机每秒自动采集田间定位及对应小区平均产量数据，通过计算机处理生成作物产量分布图，根据田间地形、地貌、土壤肥力等参数的空间数据分布图、作物生长发育模拟模型、投入产出模拟模型、作物管理专家知识库等建立作物管理辅助决策支持系统，并在决策者的参与下生成作物管理处方图，根据处方图采用不同方法与手段或相应的农业机械按小区实施目标投入和精确农业管理。

知识窗

精确农业

　　精确农业是现代农业的发展方向，它以最少的水、肥、药、种等物质与能量消耗，最大化生产出高质量的粮食，而给环境造成最小的污染，并给予土壤肥力以良性循环，防止土壤退化。以3S技术为核心的现代测绘技术的应用将使农业信息的提取、分析与综合决策变得更加准确、及时和方便。精确农业从宏观和微观两方面对农业生产进行指导和决策，被认为是保障农业可持续发展的技术前提。

有趣的测来测去 (下)

全球定位系统——GPS

◆GPS 导航卫星

GPS 是英文 Global Positioning System（全球定位系统）的简称。GPS 是 20 世纪 70 年代由美国陆海空三军联合研制的新一代空间卫星导航定位系统，其主要目的是为陆、海、空三大领域提供实时、全天候和全球性的导航服务，并用于情报收集、应急通讯和核爆监测等一些军事目的，是美国独霸全球战略的重要组成。

这 24 颗工作卫星经过 20 余年的研究实验，耗资 300 亿美元，到 1994 年 3 月，全球覆盖率高达 98％的 24 颗 GPS 卫星星座已布设完成。

GPS 的构成

1. 空间部分：GPS 的空间部分是由 24 颗工作卫星组成，这 24 颗工作卫星位于距地表 20～200 千米的上空，均匀分布在 6 个轨道面上（每个轨道面 4 颗），轨道倾角为 55°。此外，还有 3 颗有源备份卫星在轨运行。卫星的分布使得用户在全球任何地方、任何时间都可观测到 4 颗以上的卫星。GPS 的卫星因为大气摩擦等问题，随着时间的推移，导航精度会逐渐降低。

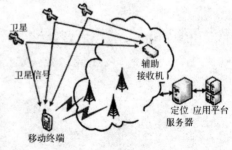

卫星

卫星信号

辅助
接收机

移动终端

定位 应用平台
服务器

◆GPS 组成及工作原理

有趣的测来测去（下）

2. 地面控制系统：地面控制系统由监测站、主控制站、地面天线所组成，主控制站位于美国科罗拉多州。地面控制站负责收集由卫星传回的信息，并计算卫星星历、相对距离、大气校正等数据。

3. 用户设备部分：用户设备部分即 GPS 信号接收机，其主要功能是能够捕获到按一定卫星截止角所

◆GPS信号接收机

选择的待测卫星，并跟踪这些卫星的运行。当接收机捕获到跟踪的卫星信号后，就可以测量出接收天线至卫星的距离和距离的变化率，解调出卫星轨道参数等数据，根据这些数据，接收机中的微处理计算机就可按定位解算方法进行定位计算，计算出用户所在地理位置的经纬度、高度、速度、时间等信息。接收机硬件和机内软件以及 GPS 数据的后处理软件包构成完整的 GPS 用户设备。GPS 接收机的结构分为天线单元和接收单元两部分。目前各种类型的接收机体积越来越小，重量越来越轻，便于野外观测使用。

GPS 与摄影测量

◆数字摄影测量工作站

GPS 全球卫星定位技术是有广泛用途的高新技术，它在摄影测量领域的应用促进了摄影测量的发展。我们知道，摄影测量中有一项必要的工序——空中三角测量，其目的是为测图加密控制点。加密需要一定数量的航测外业控制点，而航测外业控制测量通常是艰苦的，有时是困难的，因此如何减少外业的工作量成为一个重要的研究课题。而 GPS 技术为解决这一课题开辟了广阔的前景。GPS 可以用于动态定位，所以可以利用设在地面已知点上和飞机上

有趣的测来测去（下）

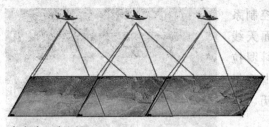

◆空中三角测量

的 GPS 接收机来测定航线中摄站相对于该地面已知点的三维坐标，即用来确定摄点的位置。摄站的位置坐标实际上类似外业控制点坐标，利用摄站位置坐标数据可以进行空中三角测量的即控制点加密，从而节省或免去外业控制点。原则上讲，在理想的条件下，GPS测量提供的摄站坐标完全可以取代地面控制点，特别是在飞机上利用三个GPS天线进行差分干涉测量以确定飞机的飞行姿态参数，进而推算出摄影仪的六个定向参数，就使空中三角测量变得非常简单或者干脆不必进行了。

GPS 与大地测量

GPS 定位技术以其精度高、速度快、费用省、操作简便等优良特性被广泛应用于我们的测绘领域，对于大地控制测量，可以说 GPS 定位技术已完全取代了用常规测角、测距手段建立大地控制网。我们一般将应用 GPS 卫星定位技术建立的控制网叫 GPS 网。归纳起来大致可以将 GPS 网分为两大类：一类是全球或全国性的高精度 GPS 网，这类 GPS 网中相邻点的距离在数千千米至上万千米，其主要任务是作为全球高精度坐标框架或全国高精度坐标框架，为全球性地球动力学和空间科学方面的科学研究工作服务，或用以研究地区性的板块运动或地壳形变规律等问题。另一类是区域性的 GPS 网，包括城市或矿区 GPS 网、GPS 工程网等，这类网中的相邻点间的距离为几千米至几十千米，其主要任务是直接为国民经济建设服务。

万花筒——GPS 在卫星测高仪中的应用

多路径效应是 GPS 定位中的一种噪音，至今仍是高精度 GPS 定位中一个很

YOUQU DE
CELAI CEQU

不容易排除的"干扰"。过去几年来利用大气对 GPS 信号延迟的噪声发展了 GPS 大气学，目前也正在利用 GPS 定位中的多路径效应发展 GPS 测高技术，即利用空载 GPS 作为测高仪进行测高，还以可利用海面或冰面所反射的 GPS 信号求定海面或冰面地形，测定波浪形态，洋流速度和方向。通常卫星测高或空载测高所测的是一个点，连续测量结果在反向面上是一个截面，而 GPS 测高则是测量有一定宽度的带，因此可以测定反射表面的起伏（地形）。

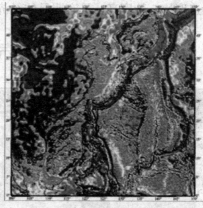

◆中国边缘海及邻域卫星测高异常图

GPS 与道路工程

◆高速公路测量精度要求很高

GPS 在道路工程中的应用，目前主要是用于建立各种道路工程控制网及测定航测外控点等。随着高等级公路的迅速发展，对勘测技术提出了更高的要求。由于线路长，已知点少，因此，用常规测量手段不仅布网困难，而且难以满足高精度的要求。目前，国内已逐步采用 GPS 技术建立线路首级高精度控制网，然后用常规方法布设导线加密。实践证明，在几十千米范围内的点位误差只有 2 厘米左右，达到了常规方法难以实现的精度，同时也大大缩短了工期。GPS 技术也同样应用于特大桥梁的控制测量中。由于无需通视，可构成较强的网形，提高点位精度，同时对检测常规测量的支点也非常有效。GPS 技术在隧道测量中也具有广泛的应用前景。GPS 测量无需通视，减少了常规方法的中间环节，因此，测量速度快、精度高，具有明显的经济和社会效益。

GPS 与汽车导航

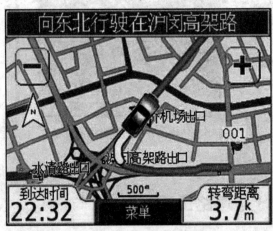

◆利用 GPS 导航

自打有了公路，就有了为人们指路的地图。然而，作为人们指路向导的地图，又常常成为造成人们紧张的根源，因为印制的地图常常跟不上街道的变化，又难以辨认，就会造成开车的人在城市里行车时心理紧张，甚至无法正常行驶。所以，能够利用高空上的卫星信号为汽车准确而又及时导航定位的卫星导航系统就成了无价之宝。汽车导航系统具有 GPS 全球卫星定位系统功能，让人们在驾驶汽车时随时随地知晓自己的确切位置。导航系统具有的自动语音导航、最佳路径搜索等功能让人们一路捷径、畅行无阻。

汽车卫星导航系统需要依靠全球定位系统（GPS）来确定汽车的位置，最基本的，GPS 需要知道汽车的经度和纬度，在某些特殊情况下，GPS 还要知道海拔高度才能准确定位，有了这三组数据，GPS 定位的准确性就可以达到误差仅有 2～3 米。

由于卫星的位置精确可知，在 GPS 观测中我们可以得到卫星到接收机的距离，利用三维坐标中的距离公式，利用 3 颗卫星，就可以组成 3 个方程式，解出观测点的位置（X，Y，Z）。考虑到卫星的时钟与接收机时钟之间的误差，实际上有 4 个未知数，X、Y、Z 和钟差，因而需要引入第 4 颗卫星，形成 4 个方程式进行求解，从而得到观测点的经纬度和高程。

YOUQU DE
CELAI CEQU

万花筒——车载导航系统的其他功能

车载导航系统除了可以用来为你指路导航之外，还可以发展出许多其他的用途，比如说帮你寻找附近的加油站、酒店、自动提款机，或者其他一些商店。有的还可以告诉你当地的限速、路况和你的平均速度，为你估计到达目的地的时间，以及如何避免危险地区或是交通堵塞。

◆车载导航系统

万花筒——水下 GPS

◆水下 GPS 组成

2004年，我国科学家在短短两年时间内成功研制出国内第一套水下高精度定位导航系统，该系统在水深45米左右的水域水平定位精度达到5厘米，测深精度为30厘米，从而将过去传统水下定位精度从十多米提升到了亚米级。我国成为继美、法、德之后世界上少数几个掌握水下高精度定位技术的国家之一。

水下 GPS 是国际上新发展起来的水下定位高技术，2001年起，美国和德国在全球率先研发出功能类似的 GPS 水下目标跟踪系统，从水上对水下目标进行跟踪和定位，用于水雷对抗、水下搜救和水下哑弹爆破等。我国科学家成功研制出高精度的水下定位导航系统不仅可以从水上对水下目标跟踪监视和动态定位，而且具备水下目标导航、水下

有趣的测来测去（下）

目标瞬时水深监测等功能，和国外同类系统比有所创新。我国科学家自主研制加工了48块信号处理板、控制板，研制出了水下导航收发机等一系列仪器设备，完成了30多项关键技术测试和试验。

如同陆地GPS代替传统大地测量技术一样，这种新一代水下"指南针"必将开辟海洋测绘和海洋军事技术的新纪元。

欧洲导航定位系统——伽利略计划

◆伽利略导航系统空间卫星

伽利略计划实际上是欧洲的全球导航服务计划，是世界上第一个专门为民用目的设计的全球性卫星导航定位系统，与现在普遍使用的GPS相比，它更显先进，更加有效，更为可靠。伽利略计划的总体思路具有四大特点：自成独立体系、能与其他的GNSS系统兼容互动、具备先进性和竞争能力、公开进行国际合作。

从GPS工作伊始，欧洲透过国际民航组织这一窗口，一直致力于建设一个纯民用的全球卫星导航系统（GNSS）。通过实践和研究，又将GNSS分为两步走计划，即GNSS1和GNSS2。简而言之，GNSS1就是对现有的GPS和GLO-NASS进行增强，目前欧洲所积极运作的EGNOS便是GNSS1行动的一个组成部分。值得指出的是，这种增强是区域性的，真正要实现全球性的增强，则多个广域增强的星基系统必须实施兼容和联网互动。

◆伽利略导航卫星

欧美关系一向较好，美国又一再表示可以给欧洲提供最好的 GPS 服务（含军用的 PPS），但是欧洲还是顶着来自美国方面的巨大压力，决心花大本钱去建设自己的伽利略系统，这是为什么？因为新欧洲正在形成和发展过程中，需要有大项目大工程来振奋人心士气，增强欧洲的凝聚力和向心力，强化独立于美国的精神，打破美国独霸的单极世界格局，营造更有发言权的多极世界，伽利略计划就是一张举足轻重的牌。同时，伽利略又是现代科学技术，特别是空间技术及其应用技术的一种全面的大组合大集成大展现，会在很大程度上实现一系列技术领域的突破和创新。随着伽利略系统的建设和运作，以及一系列新服务和新应用的展开，会带来巨大的经济效益和社会效益，能增加 10 万人的就业机会，每年形成超过 100 亿欧元的设备和服务的产值。

　　虽然提供的信息仍然是位置、速度和时间，但是伽利略系统提供的服务种类远比 GPS 多，GPS 仅有标准定位服务（SPS）和精确定位服务（PPS）两种，而伽利略系统则提供五种服务：公开服务（OS），与 GPS 的 SPS 相类似，免费提供；生命安全服务（SoLS）；商业服务（CS）；公共特许服务（PRS）；搜救（SAR）服务。以上所述的前四种是伽利略系统的核心服务，最后一种则是支持 SARSAT 的服务，伽利略系统服务不仅种类多，而且独具特色，它能提供完好性广播、服务的保证。

知识库

GLONASS

　　GLONASS（格洛纳斯）是俄语中 GLOBAL NAVIGATION SATELLITE SYSTE（全球卫星导航系统）的缩写。GLONASS 的作用类似于美国的 GPS、欧洲的伽利略卫星定位系统。GLONASS 最早开发于苏联时期，后由俄罗斯继续该计划。俄罗斯 1993 年开始独自建立本国的全球卫星导航系统。

　　GLONASS 系统在 1995 年刚投入使用时，由 24 颗中高度圆形轨道卫星和 1 颗备用卫星组网而成，其中 18 颗卫星用于本土的定位，其他卫星将定位服务扩展至全球。

有趣的测来测去（下）

中国导航定位系统——北斗

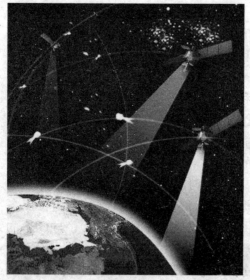

◆中国"北斗二号"导航卫星工作示意图

2000 年以来，我国开始研制北斗卫星导航定位系统，北斗导航系统是覆盖我国本土的区域导航系统，覆盖范围东经约 70°～140°，北纬 5°～55°，现已形成定位精度为 10 米、授时精度 50 纳秒的服务能力。

北斗导航系统具有卫星数量少、投资小、用户设备简单价廉等特点，能实现一定区域的导航定位、通讯等多种用途，可以满足当前我国陆、海、空运输导航定位的需求。缺点是不能覆盖两极地区，赤道附近定位精度差，只能二维主动式定位，且需提供用户高程数据，不能满足高动态和保密的军事用户要求，用户数量受一定限制。但"北斗一号"导航系统是我国独立自主建立的卫星导航系统，它的研制成功标志着我国打破了美、俄在此领域的垄断地位，解决了中国自主卫星导航系统的有无问题，具有重要的战略意义。它是一个成功的、实用的、投资很少的初步起步系统，此外，该系统并不排斥国内民用市场对 GPS 的广泛使用，相反，在此基础上还将建立中国的 GPS 广域差分系统，可以使受 SA 干扰的 GPS 民用码接收机的定位精度由百米级修正到数米级，可以更好地促进 GPS 在民间

◆中国导航系统北斗将为更多领域提供服务

有趣的测来测去（下）

的利用。当然，我们也要认识到，随着我军高技术武器的不断发展，对导航定位的信息支持要求越来越高。北斗导航系统仅是我国近期满足现代化建设需要的自主简易导航系统，因此，我们必须在发展"北斗一号"的基础上，借鉴国外 GPS、GLONASS 的成功经验。我们有理由相信，在不久的将来，具备先进性、适用性、军民两用、抗干扰性、抗继毁性等特征的，适合我国国情的卫星导航系统将会展现在大家面前。

万花筒——北斗卫星导航系统发展历程

"北斗"卫星导航系统是中国正在实施的自主发展、独立运行的全球卫星导航系统，包括"北斗"卫星导航试验系统（"北斗一号"）和"北斗"卫星导航定位系统（"北斗二号"）。继 2007 年 4 月和 2009 年 4 月第一、二颗"北斗二号"卫星成功发射后，2010 年年初，在西昌卫星发射中心用"长征三号丙"运载火箭将第三颗"北斗二号"卫星成功送入太空预定轨道，这标志着四大全球卫星导航系统之一的中国"北斗"卫星导航系统工程建设又迈出重要一步。"北斗二号"卫星发射时间间隔越来越短，预示着"北斗"卫星导航系统组网正按计划稳步推进。

有趣的测来测去（下）

地理信息系统——GIS

地理信息系统（Geograhpic Information system）简称 GIS，在我国又称为资源与环境信息系统。它是利用计算机存贮、处理地理信息的一种技术与工具，是一种在计算机软、硬件支持下，把各种资源信息和环境参数按空间分布或地理坐标，以一定格式和分类编码输入、处理、存贮、输出，以满足应用需要的人—机交互信息系统。通过对多要素数据的操作和综合分析，方便快速地把所需要的信息以图形、图像、数字等多种形式输出。

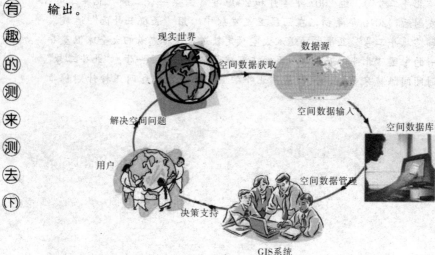

◆地理信息系统示意图

GIS 和号码百事通

GIS 和通信技术结合，可以开发出很多富于想象力的新业务。比如，在目前电信企业热推的"号码百事通"服务背后，就离不开 GIS 的支持。

以云南电信的"号码百事通"为例，通过一个基于 SuperMap GIS 软件开发的 GIS 系统，云南电信可以在原有的 114 号码查询数据基础上，为拨打查询电话的用户增加很多新服务。如：位置定位服务，用户可以对宾馆、餐饮、娱乐等场所的名称、地址、类型等进行精确或模糊查询；可以查询行驶路线；可以设置行程的起点、终点，计算出最佳路径，显示在地图上，然后通过外部

◆号码百事通能提供多种服务，但需要 GIS 支持

接口以短信、TTS 语音等方式发送给用户；可以设置中心点、半径范围、类型（如宾馆、餐饮、娱乐等），然后进行周边设施的显示；查询公交路线和换乘，可以设置起始站点、终结站点、是否需要转车，显示出所有公交线路发送给用户；地图快照功能可把当前的地图图像快速保存，并通过 E-mail、传真接口发送给用户。

另外，在广东电信的"互联星空"网站上，基于 Super Map GIS 开发的《动感广东》网上多媒体电子地图系统可以为人们提供城市地图、"食、住、行、游、购、娱"六大要素查询以及其他城市公共设施的查询，为广大市民和游客的出行提供重要的、可靠的、及时的参考信息。

GIS 和管线管网

公共供水作为城市重要的基础设施，供水管网是城市基础设施的生命线工程，是城市赖以生存和发展的重要物质基础，它的信息化建设是数字城市建设的重要内容。GIS 供水管网地理信息系统能准确、及时、迅速地对供水网管的突发事故做出反应，充分利用 GIS 供水管网地理信息系统，提高了供水管网抢修的反应速度，对出现的管网破漏事故做到了快速止

有趣的测来测去（下）

有
趣
的
测
来
测
去
(下)

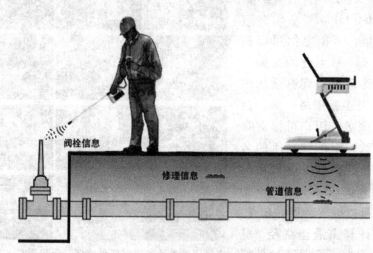

◆管网探测示意图

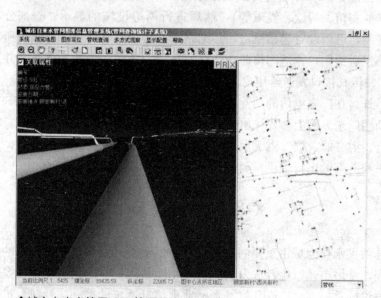

◆城市自来水管网 GIS 管理系统

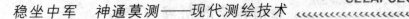

水、及时抢修，减少了水资源的浪费，确保了供水管网的安全运行。美国、西欧、日本等国家和地区的大城市都建立起了基于 GIS 的管网信息系统。利用这些管网信息系统对城市的管网进行管理，为城市规划与建设管理提供高精度、高可靠性的地下管网信息。现在，这些国家正在研究更为先进的管网管理系统，如全国联网、网上发布、卫星接收、自动探测、及时传递且计算机智能控制决策的现代化管网信息系统，电力 GIS 实现电网数字化描述也是同样的道理。

GIS 和旅游规划

随着旅游业的发展，旅游已越来越成为地方乃至国家收入的主导产业之一。因此，如何强化旅游服务质量和意识，更好地为旅客提供满意的服务显得尤为迫切，而以软件技术和空间信息处理为核心的地理信息技术恰为提升其服务管理水平提供了最佳开发平台。

在户外旅游规划中，GIS 技术可以用于标示资源的位置与类型、现有设施空间分布状况、交通道路状况和地

◆GIS 技术进行旅游景点场地分析

形地貌、河流、植被类型与分布格局等信息，并制作专题图件。利用 GIS 强大的空间信息管理功能，将社会、经济、人口等属性信息与地表空间位置及其他规划元素信息相关联，组成规划信息数据库，在此基础上完成休息区选址、功能分区、设施安排、游览道路规划、给排水设施布置等规划设计内容。

GIS 进行户外游憩规划的优点十分显著：（1）能快速得到分析结果；（2）能对数据库进行统一的管理和维护，可快速修改、更新数据库内容，

实现动态管理与规划；(3) 具有很强的地图编辑与显示能力，对数据分析结果可以利用地图形式形象生动地显现出来。

美国在密歇根半岛东端景观规划中，用 GIS 对地形、土壤、大湖及开放水系、流域、地方性气候、植被等数据进行了空间分析，从而在半岛东端的 6 个生态亚区中划分出 100 多个地貌组合区。我国学者采用 GIS 技术，在浙江仙居风景区以地形图为底图，编制完成了风景区总体规划图、综合现状图、保护规划图、风景资源分布图、服务设施规划图、基础设施规划图等 12 张旅游资源开发规划图件。这些成果无论是为游客还是景区管理层都带去了及时可靠的信息。在我国，北京、上海、深圳、天津、常州、海口、厦门等城市已建立具有一定规模的城市信息系统，一些 GIS 技术开发公司在一些城市的大街上设置了旅游线路查询信息系统，并且，这已经成为市政建设的一个重要内容。

GIS 和公共交通运输

公路交通运输是各行各业后勤保障的重要基础。当前，信息化技术已深入渗透到各部门和各单位，对交通运输所能提供的保障能力提出了更高的要求。交通运输要能实施"精确保障"，能通过建立可靠的信息网络将保障对象信息传送给运输保障单位，使运输指挥员知道各分队在何时、何地需要何

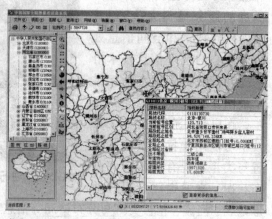

◆中国国家公路地理信息系统

种物质保障，把恰当的物资送到恰当的地点。地理信息系统具有的可视化位置信息功能可以为交通运输提供一种可视的地理环境，恰好能满足精确保障的要求。

近几年来，随着 GSM 移动通信技术的发展，GIS 的应用范围迅速扩展到人们的日常生活中。集成 GIS、GPS、GSM 的技术已开始广泛应用于

◆通过互联网得到道路视频信息

◆120 指挥调度大厅

车辆安全防范系统和调度系统，为人们提供道路指引、车辆反劫防盗、报警、医疗救护以及在此系统平台基础上扩展各种电子商务增值服务。

　　以医疗救护为例，当患者向监控中心请求急救时，监控中心可以从 GIS 电子地图上查看到患者的具体位置，同时搜索急救车辆，让距患者位置最近的车辆前去接患者。患者进入救护车后，监控中心可以通过双向通话功能，指导救护车上的医生实施救护治疗，同时通过 GIS 的最优路径功能，给救护车指引道路，使其以最快的速度到达医院或急救中心。而在救护车行进过程中，患者的家属可以通过互联网立即上网查询救护车的行进位置及患者的状态信息，通过 GIS，并结合 GPS 和 GSM 无线通信及网络，使患者、家属、救护车及医生之间建立了无缝沟通体系，最终使患者能得到快速、及时的治疗。

　　另外，应用于车辆跟踪，可以及时准确地掌握车辆的位置和行驶状态，及时地将物品的位置状态传递给客户。

有趣的测来测去（下）

广角镜——9·11之后美国GIS的应用

9·11恐怖袭击之后，国土安全概念已融入美国政府的日常工作和美国国民日常生活之中，人们更加清楚地认识到地理信息的重要性，地理信息系统的应用提高了美国的危机处理能力。目前，美国地理空间信息技术能够提供决策者必须缜密面对的广泛威胁——包括自然灾害、恐怖袭击等紧急事件所需的地理信息。这些地理信息包括：易受攻击的重要基础设施和运行系统，包括通讯、

◆9·11恐怖袭击航拍照片

电力、油气生产、金融系统、给水系统、应急服务部门等；与具体地理位置有关的部门、行业中工作人员的精确数据；详细实时的基础地理信息，包括正射影像图、交通运输、高程、行政界限、水利设施和大地控制以及财产所有关系。

现在，美国功能强大的地理信息系统可以快速地把多层数字地理空间数据制作成地图等数字产品，进行广泛的相关地理空间分析的准实时操作。它能够用于访问和虚拟处理任何位置上的数字地理空间数据，它能够不断地把地理空间数据从其被维护和存储的位置传到所需要的位置，使地理信息系统技术与适当的地理信息数据相结合，成为分析、处理和显示各种国土安全信息的重要工具。

地理空间信息能够提供美国安全部门

◆9·11恐怖袭击航拍照片

有趣的测来测去（下）

稳坐中军　神通莫测——现代测绘技术

所需的空间和时间背景，通过实时联系，分析时间和空间相关信息，利用模式识别技术及时辨认出可能发生威胁的方式和目标。所以实时精确的地理信息是保证应急行动小组做出快速反应的关键。在对恐怖袭击、自然灾害和其他紧急情况做出快速反应时，地理空间信息访问和互操作的标准就成了重要因素。地理信息系统结合边界信息、水域信息和空域信息，有助于瓦解恐怖袭击计划，防止恐怖袭击发生。地理信息系统对于分析那些易受攻击的关键的基础设施是非常重要的，假如一个系统受到袭击，而另一个相关的系统应能及时进行保护，以便地理信息系统为情报、司法和其他与国家安全有关部门打击恐怖活动、保证公共安全、保护国家和私人财产、服务社区提供十分有价值的信息。

有趣的测来测去（下）

远距离探测——遥感

遥感（RS）是指非接触的远距离的探测技术，一般指运用传感器或遥感器对物体电磁波的辐射、反射特性的探测，并根据其特性对物体的性质、特征和状态进行分析的科学技术。

遥感是以航空摄影技术为基础，在 20 世纪 60 年代初发展起来的一门新兴技术。开始是以热气球、飞机等为载体的航空遥感，自 1972 年美国发

◆农业遥感

射了第一颗"陆地"卫星后，就标志着航天遥感时代的开始。经过几十年的迅速发展，目前遥感技术已广泛应用于资源环境、气象、水文、地质地理等领域，成为一门实用先进的空间探测技术。

遥感起源

1957 年，苏联成功发射了人造地球卫星，标志着人类宇航时代的开始。1959 年人造卫星发回第一张地球照片，1960 年人们从气象卫星上获得了全球的云图。1962 年，专家们来到美国的密执安大学，讨论侧视雷达和红外扫描图像的应用问题，会议取名"环境遥感"。从此，遥感一词就成了从高空探测地球表面及其环境信息的获取、处理及其应用技术的专用术语。

遥感，顾名思义，就是从遥远处感知，泛指各种非接触的、远距离的

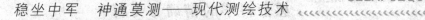
稳坐中军　神通莫测——现代测绘技术

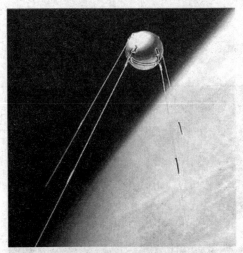

◆1957年苏联发射的第一颗人造卫星"斯普特尼克"1号

探测技术。当直升机旋停在葛洲坝上空，用遥感设备向地面电视转播系统传输长江截流的盛况图像时，我们就说这是遥感。登月的宇航员发现月球表面是干粉状的，虽然他远离地球，也不能算是遥感，因为他是身临其境的。

非接触性是遥感的一大特点。从狭义上讲，遥感主要指从远距离、高空或外层空间的平台上，利用可见光、红外、微波等探测仪器，通过摄影或扫描、信息感应、传输和处理，从而识别地面物质的性质和运动状态的现代化

◆遥感卫星

◆长江口遥感测量图

有趣的测来测去（下）

技术系统。

　　遥感是运用物理手段、数学方法和地学规律的现代化综合性探测技术，能快速、及时地监测环境的动态变化，它涉及天文、地理学、生物学等科学领域，广泛吸取了电子、全息、激光、测绘等多项技术的先进成果，为资源勘测、环境监测、军事侦察等提供了现代化技术手段。

GANWU KEXUE DE
JINGQUE YU MEILI

>>>>>>>>>>>>>>>>>>>>>>>>> **感悟科学的精确与美丽**

知识库——遥感原理

有
趣
的
测
来
测
去
（下）

　　地面上的任何物体，如大气、水体、土地、植被和人工构筑物等，在温度高于绝对零度（即0K＝－273.16℃）的条件下，都具有反射、吸收、透射及辐射电磁波的特性。当太阳光从宇宙空间经大气层照射到地球表面时，地面上的物体就会对由太阳光所构成的电磁波产生反射和吸收。由于每一种物体的物理和化学特性以及入射光的波长不同，因此它们对入射光的反射率也不同。各种物体对入射光反射的规律叫做物体的反射光谱。我们运用现代光学、电子学探测仪器，不与目标物相接触，从远距离把目标物的电磁波特性记录下来，通过分析、解译揭示出目标物本身的特征、性质及其变化规律。

◆红外线卫星遥感云图

◆遥感影像处理前后对比

· 182 ·　　　　　　　　　　　　　　　　《魔幻科学》系列

航天遥感

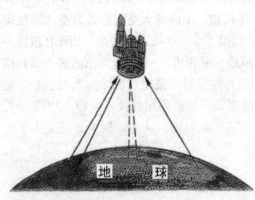

◆人造卫星遥感示意图

◆中巴地球资源卫星 01 星拍摄的广州市影像

航天遥感源起于火箭的应用。1912 年，德国人摩尔发射了一枚火箭，将一架照相机带到 790 米的高空并完成了摄影。1946—1950 年间，V-2 火箭在美国新墨西哥州的白沙发射场多次进行实验，将小型化的照相机推向 160～320 千米的空中进行摄影，使航天遥测得到了初步发展。这时的照片粗略，但显示了航天遥感的潜在价值。

直到 1957 年火箭把卫星送上太空，航天遥感才逐步走向实用阶段。1961 年 5 月 5 日，在美国的"水星计划"飞行中，宇航员利用自动照相机拍摄了 150 张质量不错的照片，不过这些照片只有天空、云和海洋。1962 年 2 月 20 日，在"水星计划"的 MA-6 任务期间，宇航员进行了三次太空漫步，拍摄了 48 张彩色照片，这些照片拍的大多数为云层，只有几张是北非的撒哈拉大沙漠的照片，但这是第一次从卫星轨道上摄取了有用的地面照片。在 1965—1966 年，美国实行"双子星计划"，卫星飞行高度达 160～1360 千米，宇航员拍摄了北美洲及非洲、亚洲部分地区的照片 1100 张，这些照片为研究地质、地理和海洋提供了有用的资料。在 20 世纪 60 年代后期，美国实施"阿波罗登月计划"，在实验飞行阶段同时使用四架照相机，分别装上全色胶片（配绿色滤光镜或红色滤光镜）、黑白红外胶片、

有趣的测来测去（下）

彩色红外胶片，摄取了140组照片，几乎覆盖了北美洲的大部。1969年罗曼对这些照片进行了研究，并绘制了地图。

如果说20世纪60年代是航天遥感的试验阶段，那么到70年代，航天遥感就真正进入了应用阶段。70年代初，美国的太空实验站升空，宇航员利用地球资源实验装置（EREP）拍摄了35000张地球图像。EREP包括一个6相机多光谱组合、一个长焦距地形照相机、一个13频道的多光谱扫描器和两个微波系统。1974年，苏联开始发射"流星—自然"系列卫星，进行航天遥感试验。同时美国的地球资源卫星系列相继投入运行（1975年更名为"陆地卫星"），开创了航天遥感的新局面，从此，航天遥感进入了广泛应用的新阶段。

知识库——航天遥感载体

航天遥感泛指利用各种空间飞行器为平台的遥感技术系统，它以地球人造卫星为主体，包括载人飞船、航天飞机和空间站，有时也把各种行星探测器包括在内。在航天遥感平台上采集信息的方式有四种：一是宇航员操作，如在"阿波罗"飞船上宇航员利用组合相机拍摄地球照片；二是卫星舱体回收，如中国的科学实验卫星回收的卫星照片；三是通过扫描将图像转换成数字编码，传输到地面接收站；四是卫星数据采集系统收集地球或其他行星、卫星上定位观测站发送的探测信号，中继传输到地面接收站。我国已成功发射并回收了10多颗遥感卫星

◆各种遥感卫星

和气象卫星，获得了全色相片和红外彩色图像，并建立了卫星遥感地面站和卫星气象中心，开发了图像处理系统和计算机辅助制图系统。从气象卫星获取的红外云图上，我们每天都可以从电视机上观看到气象信息。

航空遥感

◆各种航空遥感平台

◆飞机航空遥感

航空遥感又称机载遥感，它是指利用各种气球、飞艇、飞机等作为传感器运载工具在空中进行遥感探测的技术。航空遥感是由航空摄影侦察发展而来的一种多功能综合性探测技术，该技术具有机动、灵活的特点。按照飞行器的工作高度，分高空（10000 米～20000米）、中空（5000 米～10000米）和低空（小于 5000 米）三种类型遥感作业。

　　飞机是航空遥感的主要平台，它具有分辨率高、调查周期短、不受地面条件限制、资料回收方便等特点。高空气球或飞艇遥感具有飞行高度高、空中停留时间长、覆盖面大、成本低和飞行管制简单等特点，同时还可以对飞机和卫星均不易到达的平流层进行遥感活动。

虽然航空遥感技术成熟，不需要复杂的地面处理设备就能进行大面积地形测绘和小面积详查，但是它的缺点是飞行高度、续航能力、姿态控制、全天候作业能力以及大范围的动态监测能力较差。不过作为一种探测和研究地球资源与环境的手段，仍是方兴未艾、不可取代的。

主动式遥感——雷达

有趣的测来测去（下）

细雨霏霏，阴云密布。在"蓝军"炮位阵地上，加农炮的长长炮筒指向天空，火箭炮的成排火箭筒已经昂起头，指挥员一声号令，炮弹便呼啸着穿过雨帘，消失在浓云之中。此时，"红军"炮位侦察雷达的网状天线在不停地旋转，监视屏在频频闪烁。突然，监视屏的视野里出现了"蓝军"来袭的弹头，雷达的计算机根据弹头飞行轨迹立刻推算出"蓝军"火炮阵地的坐标，引导严阵以待的火炮猛烈轰击，一举将"蓝军"火炮阵地摧毁。这是一次军事演习的片断。炮位侦察雷达通过发射电磁波捕捉目标属于主动式遥感技术。

◆陆地合成孔径雷达卫星－X数字高程测量卫星

雷达是怎样捕捉到蓝军的弹头的呢？首先，雷达向监视空域连续发射电磁波，并不断地接受反射回来的电波。当弹头进入监视空域，就会反射回与背景不同的电波，这时监视屏上就会出现飞行的弹头"形象"。根据弹头飞行轨迹，就可以推算其发射阵地的位置了。由于雷达不是被动地接受物质的反射波和辐射波，而是主动地发射电磁波并通过接受其回波进行探测的，所以称这种探测方式为主动式遥感。雷达发射的电磁波主要是微波波段。因为微波易于聚成较窄的发射波束，波束角可达1°左右；微波呈近直线传播，在高空不受电离层反射的影响；微波波长较短，目标对其散射性能好；自然界的电磁波对微波的干扰小；所以，雷达探测能够克服日照条件、成像时间和云雾、雨雪等气象条件的限制。

　　像这种由探测主体发射一定频率的电磁波信号照射目标并通过其回波来探测物体的遥感方式被称为主动式遥感。主动式遥感主要使用激光和微波作为照射源，常见的主动式遥感器有激光荧光扫描仪、激光雷达、激光测高仪、激光散射计、雷达测高仪、真实和合成孔径雷达、微波全息雷达等。

万花筒——遥感能感知哪些物质？

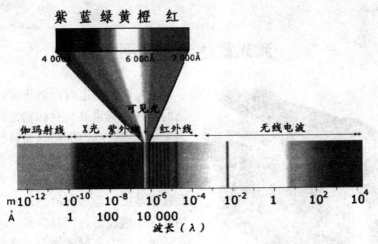

◆电磁波波谱图

　　某小报曾登出消息：一个有特异功能的"大师"，可以对在千里之外的病人治病，病人可以感应"大师"发出的"气"。"气"是什么？谁也说不清，总之是玄而又玄的东西。而在距地面几十千米、几百千米的飞机、卫星上进行遥感，所感知的"物质"却是实实在在的。有人说，高山大川、浩瀚海洋、万里长城、金字塔、绿色植被……是遥感所感知的"物质"。这话听起来并没有错，不过，从科学意义上说，遥感所感知的是这些具体的"物质"所反射或辐射的电磁波。虽然我们看不到、摸不到电磁波，但它却是物质存在的一种形式。

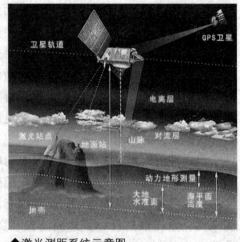

◆激光测距系统示意图

　　电磁波是在空间传播的交变电磁场，这些电场和磁场以光速近直线地波动式传播。无线电波、微波、可见光、紫外线、红外线、X射线、γ射线都是电磁波，不过它们产生的方式不同，波长也不相同。电磁波有辐射、反射、折射、散射等特性。根据电磁波波长（或频率）的大小，人们排列出电磁波谱。遥感一般使用紫外线、可见光、红外线、微波等波段。

激光雷达与激光测距

◆激光测距测高仪

　　激光测距是通过由激光雷达所发出的激光来测定其与目标物之间距离的主动遥感技术。根据探测目标的不同，激光测距可分为对地探测和对空探测两类。对地激光测距的主要目标是获取地质、地形、地貌以及土地利用状况等地表信息，对空激光测距旨在通过向空中发射激光束并接受由空气中悬浮颗粒所反射的回波来完成对大气物理及化学性质的测定。按照传感器搭载平台分类，激光测距可分为

有趣的测来测去（下）

稳坐中军　神通莫测——现代测绘技术

◆LIDAR 三维景观模型

卫星搭载、飞机搭载、汽车搭载以及定点测量四大类。

激光测距技术始于 20 世纪 60 年代，到七八十年代，激光技术已经是电子测距设备中的重要组成部分。LIDAR（Light Detection And Ranging）通常指机载对地激光测距技术，中文术语常用激光雷达来代指 LIDAR。在美国，自 20 世纪 70 年代起，包括美国国航太空总署、美国国家海洋大气总署以及美国国防测绘部在内的多家机构开始发展 LIDAR 类的传感器用于海洋及地形的测量。在欧洲，激光测距的相关研究差不多与美国同时起步，但他们更多地致力于发展卫星平台激光测距雷达系统，更专注机载平台及与之相配的激光雷达系统的开发研究，并取得了很大的成功。

到 20 世纪 90 年代，随着机载 GPS 技术以及便携式计算机系统的发展，LIDAR 系统的稳定性及精确度得到了大幅度提高，并逐步开始在欧洲投入商业化使用，与之相关的应用性研究也随即率先在欧洲展开。

相对于其他遥感技术，LIDAR 的相关研究是一个非常新的领域，不论是在提高 LIDAR 数据精度及质量方面还是在丰富 LIDAR 数据应用技术方面的研究都相当活跃。与遥感影像技术不同的是，LIDAR 系统可以迅速地获取地表及地表上树木、建筑、地表等地物的三维地理坐标信息，它的三维特性符合当今数字地球的主流研究需求。

随着 LIDAR 传感器的不断进步，地表采点密度逐步提高，单束激光可收回波数目不断增多，LIDAR 数据为我们提供了更加丰富的地表和地物信息。对 LIDAR 所采集到的地表三维点集进行处理，可以获取各类高精度的三维数字地面模型，还可以对地表地物进行分类识别并实现地表地物的三维数字重构，并进一步绘制三维森林、三维城市模型，构建虚拟现实。在虚拟现实的基础上进行更为精细的地物分析，可以实现对城市规划、城市环境及城市气候进行模拟分析，也可以实现精细林业、农业的经营管理，以及对声、光、环境污染状况的评估与控制。

有趣的测来测去（下）

卫星遥感监测凌汛

1996年1月至2月期间，黄河上漂动的冰凌在陕西的大荔河段遇到冰坝的拦阻，形成了自1929年以来最大的凌汛。1月22日，雨林乡一带黄河水位高达336.4米，相当于15000立方米/秒洪水流量时的水位，大大超过了河道的行洪能力，于是洪水漫过河堤，淹没良田，冲毁房屋，严重威胁到当地人民的生命财产安全。2月4日，被淹面积达到13673公顷。灾害发生后，有关部门利用极轨气象卫星数据，对

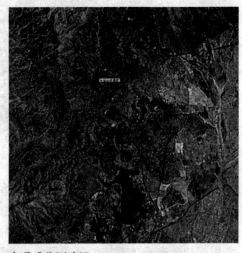

◆遥感监测凌汛

凌汛发生、发展过程进行动态监测，及时向防汛领导部门提供了卫星监测图像和数据。防汛领导部门利用遥感数据，指挥军民奋力抢险，并采取果断措施，用飞机炸毁冰坝。凌汛灾害终于在2月5日得到控制。

卫星遥感为什么能够监测凌汛呢？其根据是不同地物的光谱响应特征不同。在近红外波段，洁净水体的反射率远比土壤和植被的反射率低，所以在卫星图像上可以很容易地区分水体和非水体的界限。像黄河这样泥沙含量较高的水体，其反射率的最大值移向可见光波段，但仍比土壤和植被低，这样，在卫星图像上就能够将发生凌汛的地点及其区域判读出来，进而可以估算淹没范围和面积。此次利用白天下午2点的美国的极轨气象卫星的数据对黄河凌汛先后进行了4次监测，这些数据分别属于可见光、近红外、热红外三个波段。利用计算机对这些数据进行处理，按照红、绿、蓝通道制成三通道假彩色合成图像，并在图像上判定水淹区域和测算水淹面积，然后把监测结果图像和统计图表报告防汛部门，用来指挥抗灾。

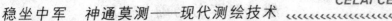

知识库

凌汛

凌汛，俗称冰排，是冰凌对水流产生阻力而引起的江河水位明显上涨的水文现象。冰凌有时可以聚集成冰塞或冰坝，造成水位大幅度地升高，最终漫滩或决堤，称为凌洪。在冬季的封河期和春季的开河期都有可能发生凌汛。通俗地说，就是水表有冰层，且破裂成块状，冰下有水流，带动冰块向下游运动，当河堤狭窄时冰层不断堆积，造成对堤坝的压力过大，即为凌汛。

卫星遥感探矿

◆脉冲遥感图像

石油、天然气、煤、铁和其他稀有金属都埋在地下，作为地表情况反映的遥感图像信息为什么能够把埋藏的矿产也反映出来呢？莫非遥感有透视能力吗？

应该说，通常的遥感手段并不能直接测知地层深处的矿产，但是能够根据遥感图像信息的色调、轮廓及相关要素间接地推测地质信息。一方面，地表岩石、土壤、地貌等细节的形状、结构、颜色等都与产生它们的地质过程有关，通过对摄取的遥感图像的分析，能够见微知著，发现有矿产远景地段的线索。另一方面，航空磁测、航空重力测量、地震测量等技术能够印证或鉴别遥感测量圈定的找矿地段是否正确，比如在飞机上利用地磁仪可以探测地下是否有铁矿，利用伽玛射线光谱仪可以估测地下是否有铀矿。把遥感信息与物探资料进行

有趣的测来测去(下)

比较和综合分析，就可能比较准确地圈定找矿远景地段，例如法国地质局从卫星相片上发现非洲尼日尔盆地的一些线性结构可能埋藏着铀矿，于是进行航空磁测和放射线测量，并制作了 1∶10 万的伽玛等值线图和剩余磁场图，并经过野外实地检测，圈定出寻找铀矿的远景地段，进而在这里找到了铀矿。

根据遥感图像进行矿产解译和成矿远景分析是一项复杂的综合性解译工作。在大比例尺图像上有时可以直接判别原生矿体露头、铁帽和采矿遗迹等，但大多数情况下是利用多波段遥感图像（尤其是红外航空遥感图像）解译与成矿相关的岩石、地层、构造以及围岩蚀变带等地质体，除目视解译外，还经常运用图像处理技术提取矿产信息。成矿远景分析工作是以成矿理论为指导，在矿产解译基础上，利用计算机将矿产解译成果与地球物理勘探、地球化学勘查资料进行综合处理，从而圈定成矿远景区，提出预测区和勘探靶区。利用遥感图像解译矿产已成为一种重要的找矿手段。

有趣的测来测去（下）